Ernst Jessen

Lehrbuch der praktischen Zahnheilkunde

Ernst Jessen

Lehrbuch der praktischen Zahnheilkunde

ISBN/EAN: 9783744696074

Hergestellt in Europa, USA, Kanada, Australien, Japan

Cover: Foto ©berggeist007 / pixelio.de

Weitere Bücher finden Sie auf **www.hansebooks.com**

LEHRBUCH

DER

PRAKTISCHEN ZAHNHEILKUNDE

FÜR ÄRZTE UND STUDIRENDE

VON

D^R. M^ED. ERNST JESSEN

PRIVAT-DOCENT FÜR ZAHNHEILKUNDE AN DER UNIVERSITÄT STRASSBURG.

MIT 134 HOLZSCHNITTEN.

LEIPZIG UND WIEN

FRANZ DEUTICKE.

1890.

Ein Lehrbuch soll die verschiedenen Leistungen möglichst in einen Guss bringen und das enthalten, was zu der Zeit seines Erscheinens Gemeingut Aller ist oder werth ist, solches zu werden.

König.

K. k. Hofbuchdruckerei Carl Fromme in Wien.

Vorwort.

Das Lehrbuch der praktischen Zahnheilkunde, welches hiermit zur Ausgabe gelangt, verdankt seine Entstehung einer Aufforderung, welche von Seiten der Verlagsbuchhandlung an mich ergangen ist, ein kurzgefasstes Lehrbuch der Zahnheilkunde für den Studirenden und praktischen Arzt zu schreiben.

Dem Wunsche des Verlegers komme ich um so lieber nach, da ich mich schon längere Zeit mit diesem Gedanken getragen habe, und weil unter den Aerzten und Studirenden der Medicin das Interesse für die Zahnheilkunde allmählich anfängt, sich Bahn zu brechen, wie es ja die natürliche Folge der Entwickelung und grossen Fortschritte ist, welche diese Specialwissenschaft in den letzten Jahrzehnten gemacht hat.

Hier in Strassburg ist es mein Bestreben, dies Interesse zu wecken und rege zu erhalten, indem ich mich in meinem Colleg bemühe, meinen Hörern, welche fast ausschliesslich Studirende der Medicin sind, in knapper und übersichtlicher Form ein Gesammtbild der heutigen zahnärztlichen Wissenschaft zu geben. Ich suche den künftigen praktischen Arzt in dieses Gebiet einzuführen und zu belehren über diejenigen Abschnitte aus der Zahnheilkunde, welche für ihn von Nutzen sein können und von Interesse sein müssen. Denn über die Zeit, meine ich, sind wir doch glücklich hinaus, wo alles, was Zähne und Zahnheilkunde betraf, ein noli me tangere für jeden Arzt war, wo jeder Student der Medicin sich viel zu erhaben dünkte, um die Zähne auch nur eines Blickes zu würdigen.

Freilich lag der Hauptfehler an unseren Hochschulen selbst, weil an keiner derselben Gelegenheit geboten war, die Krankheiten der Zähne und ihre Behandlung kennen zu lernen.

Am meisten darunter zu leiden hatte natürlich das Publicum, welches mit Zahnleiden zum praktischen Arzte ging. Denn ohne eine Diagnose zu stellen, wurde hier der Zahn, welchen der betreffende Patient angab, mochte dies der Schuldige sein oder nicht, im glücklichsten Falle extrahirt, sehr häufig jedoch auch abgebrochen. Jedenfalls wurden auf diese Weise unzählige Zähne vernichtet, welche noch gut hätten erhalten bleiben und ihrem Besitzer lange Jahre Dienste leisten können.

Andererseits wurde manche Neuralgie, welche ihre Ursache in einem Zahnleiden hatte, ihrem eigentlichen Wesen nach nicht erkannt und oft lange Zeit durch die verschiedensten Mittel vergeblich behandelt, während auf ganz einfache Weise zu helfen gewesen wäre. Ferner haben viele Mundkrankheiten ihren Grund in der Erkrankung von Zähnen oder in der Ansammlung von Zahnstein. Es werden dann die verschiedensten Mundwässer verschrieben, aber alle ohne Erfolg, so lange nicht die Hauptursache gefunden und beseitigt ist.

Glücklicherweise ist hierin jetzt an vielen Universitäten ein Wandel geschaffen worden, indem wenigstens Gelegenheit geboten ist, dass der Medicin Studirende eine Zahnklinik besuchen und Zahnkrankheiten richtig zu diagnosticiren lernen kann.

Dadurch ist auch schon das Interesse mehr geweckt worden, und Mancher sieht sich nach einem kurzgefassten Lehrbuch der Zahnheilkunde um. Die meisten der bestehenden Lehrbücher aber tragen nach meiner Ansicht dem Bedürfniss des Arztes zu wenig Rechnung. Sie sind für den Studirenden der Zahnheilkunde geschrieben und mit Ausnahme von Parreidt's Compendium zu umfangreich für den Mediciner, welcher einen kurzen, klaren Ueberblick über diese Specialwissenschaft wünscht.

Vorliegendes Buch will nun bestrebt sein, sich vornehmlich dem Dienste des Arztes zu widmen. Es will ein Handbuch sein für den praktischen Arzt, welcher auch Zahnkrankheiten zu behandeln beabsichtigt, welcher darauf bedacht ist, die einzelnen Leiden der Zähne richtig zu erkennen, eine sichere Specialdiagnose zu stellen, und danach seine Behandlung einzurichten oder doch seinen Patienten einen zuverlässigen Rath zu ertheilen. Es will ein Leitfaden sein für den Studirenden, welcher seinem Gedächtniss einprägen will, was er in der Zahnklinik gehört und gesehen hat.

Deshalb werden die für den Arzt wichtigen Capitel ausführlicher behandelt als solche, die von speciell zahnärztlichem Interesse sind. Auf Vollständigkeit und wissenschaftliche Originalität wird daher durchaus kein Anspruch erhoben, sondern nur in knapper, klarer und übersichtlicher Form gegeben, was schon bekannt ist, lediglich zum Frommen der Praxis.

Die Holzschnitte sind theils anderen Werken entnommen, theils nach eigenen Vorlagen und Modellen angefertigt worden, und zwar in so grosser Zahl, weil ich glaube, dass durch eine gute, instructive Abbildung oft viel mehr gesagt ist, als durch eine seitenlange, noch so ausführliche Beschreibung, und weil unter Umständen durch ein klares Bild ein Gegenstand dem Gedächtniss viel leichter, fasslicher und dauernder eingeprägt wird als durch Worte.

Strassburg i. E.

Dr. Jessen.

Inhaltsverzeichniss.

I. Capitel.

Anatomie und Physiologie des Zahns.

II. Capitel.

Das Milchgebiss.

III. Capitel.

Das bleibende Gebiss.

IV. Capitel.

Anomalien.

V. Capitel.

Pathologie und Therapie der Krankheiten des kindlichen Gebisses.

VI. Capitel.

Caries.

VII. Capitel.

Pulpitis.

VIII. Capitel.

Periostitis.

IX. Capitel.

Extraction.

X. Capitel.

Prothese.

Anhang.

EINLEITUNG.

Die Zähne sind Producte der Haut. Das erkennt man an der Art und Weise ihrer Entwickelung und aus vergleichend anatomischen Studien.

Sie dienen beim Menschen:

> der Ernährung,
> der Sprache,
> der Schönheit.

Bei der Ernährung des Organismus, beziehungsweise bei der zum Stoffwechsel nöthigen Verdauung der Speisen, spielen die Zähne eine grosse Rolle.

Der Zahnapparat dient in dem ganzen Thierreich, wo er immer vorkommt, so auch im Menschen zunächst und vorzüglich der Ernährung, und zwar der dem Verdauungsgeschäft und dem Stoffumsatz vorausgehenden Ergreifung und Zerbeissung der Nahrung.

Mit Hilfe der Zähne eben werden die Speisen gekaut, das heisst hinreichend zerkleinert, um der Einwirkung des Magensaftes ausgesetzt, um verdaut werden zu können. „Gut gekaut ist halb verdaut".

Die Backzähne als die eigentlichen Kauorgane, Kauwerkzeuge, sind deshalb für die normale Verdauung unbedingt nöthig. Sie können nicht durch die vorderen Zähne ersetzt werden, da diese in Folge ihres anatomischen Baues zum Kauen nicht geeignet sind.

Wenn also einige Backzähne oder alle fehlen, oder wenn wegen Schmerzen in Folge Erkrankung derselben nicht gekaut werden kann und die Speisen nicht genügend zerkleinert in den Magen gelangen, so kann der Magensaft dieselben nicht lösen, der Magen vermag auf die Dauer seiner Aufgabe nicht gerecht zu werden.

Ein grosses Heer von Verdauungsstörungen, Magen- und Darmleiden und daraus wieder resultirende Ernährungsstörungen sind die Folge.

Im Allgemeinen aber wird vom Arzte bei Behandlung von Magenleiden den Zähnen noch viel zu wenig Beachtung geschenkt. Wohl die meisten Aerzte untersuchen das Gebiss ihrer Patienten niemals, und doch wäre es unbedingt nöthig, denn unzählige Magenleiden haben ihren Grund einzig und allein in einem defecten Kauapparat.

Neben diesem rein animalen Zweck, dieser mechanischen Function, der eben besprochenen digestiven Bedeutung der Zähne haben dieselben auch eine psychische Aufgabe.

Als Sprachwerkzeuge dienen die vorderen Zähne, die Schneide- und Eckzähne. Sie sind in hervorragendem Grade bei der Bildung der Sprache betheiligt und für eine deutliche Aussprache geradezu unentbehrlich.

In der Stimmritze bilden sich die unarticulirten Laute, hier hat die Stimme ihren Sitz. Die Sprache aber oder die Erzeugung articulirter Töne hängt von den oberhalb des Kehlkopfes gelegenen Theilen ab, von der Rachen-, Mund- und Nasenhöhle, welche theils von elastischen, theils von festen Gebilden umgrenzt sind. Diese wirken nun auf die in der Stimmritze gebildeten Töne nach der Intention der Seele modificirend und umgestaltend ein. Sie veranlassen durch gewisse Bewegungen, dass die Luft in diesen Höhlen genöthigt wird, zu schwingen und die elastischen Theile in Schwingungen zu versetzen.

Bei diesem Vorgang sind die Zähne, wie Jeder sich leicht überzeugen kann, wesentlich wirksam, indem sie die zu den verschiedenen Lauten nothwendigen, mannigfaltigen Veränderungen der Configuration und Spannung der einzelnen Theile der Mundhöhle mitbedingen.

Versuchen wir, das Gesagte an einigen Beispielen zu erläutern. Die Grammatiker theilen die Laute in Kehl-, Zungen-, Lippen- und Zahnlaute. Dies ist, streng genommen, physiologisch nicht ganz richtig, da eben kein Laut durch einen dieser Theile allein und ausschliesslich erzeugt wird, sondern alle oder doch mehrere Organe der Mund- und Rachenhöhle bei der Bildung der Laute gleichzeitig wirken.

Bei der Aussprache von *d* und *t* sind besonders die Zunge und die Schneidezähne des Oberkiefers wirksam, indem die Zungenspitze gegen die Schneidezähne des Oberkiefers anschlägt oder sich andrückt. Deshalb nennen wir sie Zahnlaute, und zahnlose Kinder und Greise können diese Buchstaben entweder gar nicht oder nur unvollkommen aussprechen.

Dasselbe gilt von den Lauten *s* und *sch*, wobei die Zungenspitze hinter den Zähnen steht, ohne sie zu berühren.

Wie sehr die Bildung der Lippenlaute vom Vorhandensein und richtigen Stand der vorderen Zähne abhängt, ist bekannt. Falscher Stand oder Mangel der vorderen Zähne, namentlich der oberen, erschweren das Aussprechen aller Silben und Worte, welche mit solchen Lauten beginnen, ausserordentlich, oft bis zur Undeutlichkeit, weil den Lippen ihre physiologische Spannung und Elasticität abgeht, weil ihnen ihre normale und feste Unterlage mangelt. Dasselbe gilt auch von den Wangen, die zum grossen Theile den Zähnen, welche die Zahnfächerhöhlen der Kiefer ausfüllen, ihre Spannung und Elasticität verdanken.

Auf solche Weise tragen die Zähne wesentlich zur guten Configuration und Conformation der Mundhöhle bei, wodurch erst Reinheit, Wohlklang und Beweglichkeit der Sprache ermöglicht wird, während eine fehlerhafte und schwerfällige Aussprache vom Mangel der Zähne bedingt wird.

Schliesslich haben die Zähne noch eine grosse Bedeutung für die Schönheit und den Charakter einer Physiognomie.

Ein gesundes, regelmässiges, weisses Gebiss mit glänzenden Zähnen ist stets eine wahre Zierde des Gesichts und gilt als Gegenstand beneidenswerther Schönheit.

Während ein minder schön geformtes, ein dem Ideale sich mehr entfremdendes Antlitz durch den Schmuck harmonisch geordneter, gesunder Zähne an ästhetischem Werth bedeutend gewinnt, kann ein an sich ideal schönes Gesicht durch ungesunde und unregelmässige Zähne geradezu verunstaltet werden. Wenn die Zähne defect werden oder ganz ausfallen, so wird sogleich die schöne Symmetrie des Antlitzgerüstes gestört oder aufgehoben, indem sich die Kieferränder theilweise oder ganz durch allmähliche Resorption zurückziehen. Dadurch verliert ein grosser Theil der Gesichtsmuskeln seine spannende Unterlage. Das Gesicht wird in seiner Länge und Breite um ein Namhaftes verkürzt, Wangen und Lippen sinken ein, der Mund wird eingezogen und die sanfte Wölbung der unteren Gesichtshälfte geht verloren.

I. CAPITEL.

—

Anatomie und Physiologie des Zahns.

Für den Zahnarzt ist es unbedingt nöthig, die Anatomie nicht nur des Mundes, sondern des ganzen Kopfes genau zu kennen, da er sonst niemals richtige Diagnosen stellen, geschweige denn sicher operiren kann.

Knochen, Muskeln, Gefässe, Nerven, Drüsen nach ihrem Bau, ihrer Lage und Function muss er inne haben.

In den Lehrbüchern der Anatomie und Physiologie ist er im Stande, sich darüber zu orientiren.

Ich sehe deshalb hier auch von einer Beschreibung der Mundhöhle ganz ab und will nur die Zähne selbst einer genaueren Besprechung unterziehen.

Am menschlichen Zahn unterscheiden wir:

Krone,

Hals und

Wurzel.

Die Krone ist der über das Zahnfleisch vorragende Theil, die Wurzel ist in die Alveolen des Kiefers eingesenkt, und zwischen beiden liegt der Zahnhals, welcher eine leichte Einschnürung besitzt und vom Zahnfleisch umschlossen wird.

Nach der verschiedenen Form der Krone und Wurzel, nach ihrer Function und Stellung theilen wir die Zähne in folgende vier Classen:

1. Schneidezähne, dentes incisivi,
2. Eckzähne, dentes canini,
3. kleine Backzähne, Bikuspidaten,
4. grosse Backzähne, Molaren.

Jeder Zahn besteht aus:
Zahnbein,
Schmelz und
Cement.

Das Zahnbein ist die Grundsubstanz des Zahns, es hat dieselbe Form wie der Zahn und bildet seinen eigentlichen Körper. Es ist in seinem Kronentheil von Schmelz, im Wurzeltheil von Cement überzogen und liegt am Zahnhals frei.

Den Zahnhals umgibt das Zahnfleisch, ein festes submucöses Bindegewebe mit wenig Nerven, aber äusserst zahlreichen Blutgefässen. Wie bekannt, sind Verletzungen

Fig. 2.

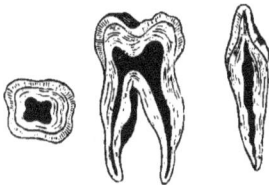

Durchschnitte durch einen Schneide- und einen Mahlzahn.
Die Durchschnitte zeigen die Verbreitung der Zahnhöhlen bis in die Krone und die Spitzen der Wurzeln; der Querschnitt entspricht der unteren Abtheilung der Krone eines Backzahns.

Fig. 1.

Schmelz
Zahnbein
1
Krone
Zahnhals
Wurzel
Cement
Pulpa
3   3
b   b

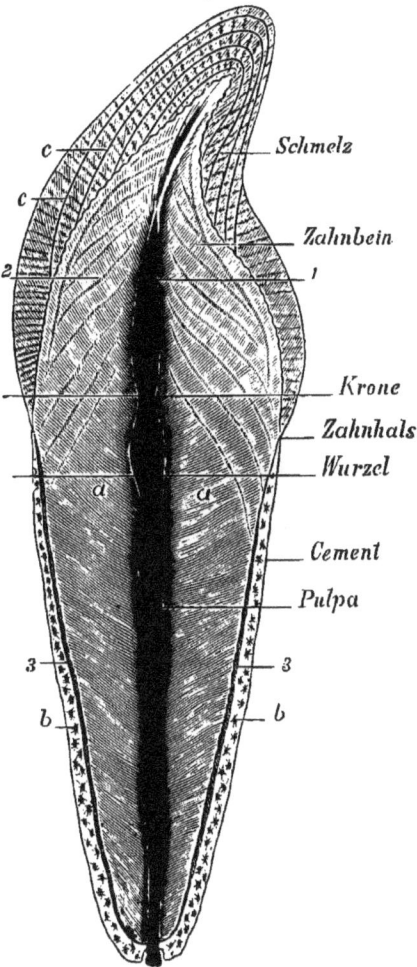

Längsschliff durch einen Schneidezahn.
a Zahnbein; *b* Cement mit Knochenkörperchen; *c* Schmelz; *1* Pulpahöhle; *2* Schregersche Linien. den Biegungen der Zahnbeincanälchen entsprechend; *3* Körnerschicht, aus kleineren Interglobularräumen bestehend.

des Zahnfleisches auch im Allgemeinen wenig schmerzhaft, aber von einer starken Blutung gefolgt. Seine normale Farbe ist rosaroth. Das blassrothe Zahnfleisch ist ein Symptom der Bleichsucht, während eine dunkelrothe Färbung dem entzündlich geschwollenen und aufgelockerten Zahnfleisch eigenthümlich, ein Zeichen der Hyperämie ist.

Die Wurzelspitze ist von der Wurzelhaut, dem Zahnperiost oder Peridentium bekleidet.

In der Mitte des Zahns finden wir die Pulpahöhle, welche von der Pulpa ausgefüllt ist.

Die Pulpa besitzt ihrerseits auch wieder die Form des Zahns in verjüngtem Massstab und besteht aus einer weichen, sehr gefäss- und nervenreichen Bindegewebssubstanz. Die Gefässe sind Zweige der Arteria maxillaris interna, und die Nerven stammen vom zweiten und dritten Ast des Nervus trigeminus. An ihrer Oberfläche ist die Pulpa von einer Schicht grosser, länglicher Zellen umgeben, den Zahnbeinzellen, Odontoblasten, welche an der Innenfläche des Zahnbeins, besonders in vorgerücktem Alter, Ersatzdentin bilden, ein Vorgang, auf den wir später noch mehrfach zurückkommen werden.

Nach diesem allgemeinen Ueberblick wollen wir jetzt auf die Structur der einzelnen Zahnsubstanzen etwas näher eingehen.

Fig. 3.

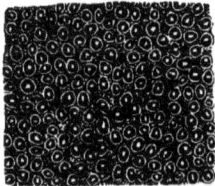

Querschnitt von Zahnbein bei sehr starker Vergrösse-rung.

Das Zahnbein besteht aus 28 Procent animalischer Substanz und 72 Procent un-organischen Bestandtheilen. Es enthält haupt-sächlich phosphorsauren Kalk, kohlensauren Kalk und phosphorsaure Magnesia.

Mikroskopisch zeigt es eine unendliche Zahl sehr feiner Canälchen, welche dicht an-einander in eine harte Grundsubstanz ein-gelagert sind und eigene Wandungen besitzen·

Diese Zahnbeincanälchen verlaufen von der Pulpa aus radiär nach der Peripherie, theilen sich oft dichotomisch und stehen durch seitliche Ausläufer miteinander in Verbindung. Sie gehen im Wurzeltheil in der Nähe des Cements in kleine Hohlräume, die sogenannten Interglobular-räume über, während sie an der Grenze des Schmelzes in feinen Verästelungen in seine Prismen eindringen.

Fig. 4.

Cement.   Interglobularräume.   Zahnbeincanälchen.

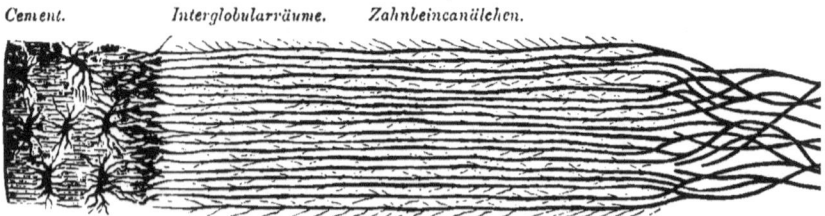

Querschliff durch eine Zahnwurzel.

Die Interglobularräume entstehen derart, dass die Globular-massen, kugelige Körper, die sich in der Nähe der Pulpa finden, auf-einander gelagert sind und dann eben in Folge ihrer kugeligen Gestalt naturgemäss Zwischenräume bilden müssen. — Im Innern der Zahnbeincanälchen finden wir die Zahnbeinfasern, Zahnfibrillen, die gewissermassen als Fortsätze der Odontoblasten anzusehen sind und wahrscheinlich die oft hochgradige Empfindlichkeit des Zahnbeins bedingen, obgleich eigentliche Nervenfasern direct mikroskopisch nicht nachgewiesen werden konnten.

Fig. 5.

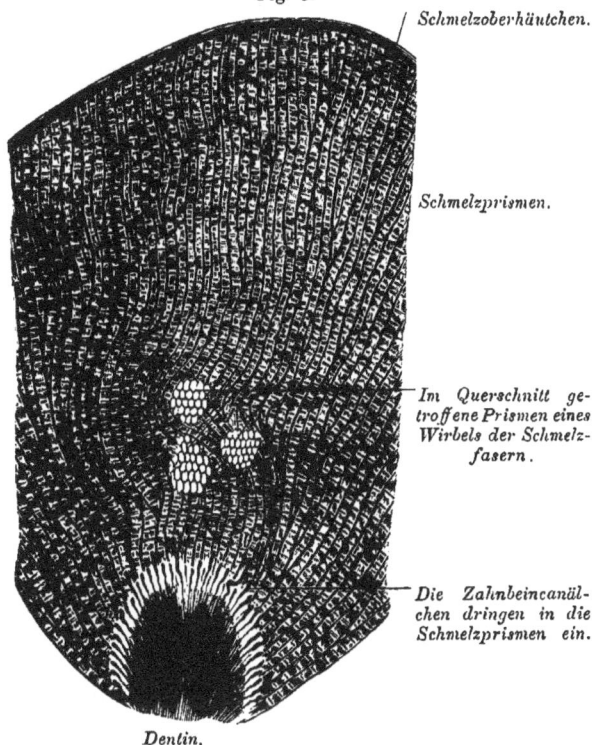

Längsschliff durch die Spitze eines Eckzahns. Verlauf der Schmelzprismen.

Der Schmelz umhüllt und schützt die Krone. Er ist am dicksten an den Kauflächen und Schneideecken der Zähne. Er schützt das viel weichere Zahnbein einerseits gegen Druck und Stoss, andererseits aber hauptsächlich gegen die schädliche Einwirkung der verschiedenen Säuren, die sich in der menschlichen Nahrung finden oder im Munde bilden.

Der Schmelz ist der festeste Bestandtheil des Zahns, sowie überhaupt des ganzen menschlichen Körpers, der härteste und sprödeste organische Körper, welchen wir kennen. Er enthält auch nur etwa

4 Procent organischer und 96 Procent anorganischer Substanz, besteht hauptsächlich aus phosphorsaurem Kalk.

Das Mikroskop zeigt die ohne Zwischensubstanz dicht neben-einander gelagerten Schmelzfasern von der Gestalt sechsseitiger Prismen. Die freie Oberfläche des Schmelzes ist wiederum von einer Schutzdecke, einer äusserst dünnen, aber festen und chemisch sehr widerstandsfähigen, structurlosen Membran, dem Schmelzoberhäut-chen überzogen. Es kann durch verdünnte Salzsäure vom Schmelz isolirt werden.

Das Cement bedeckt die ganze Wurzel, beginnt am Zahnhals und wird gegen die Wurzelspitze zu dicker. Es bildet eine dünne, ihrer Structur und chemischen Eigenschaften nach nur wenig modi-

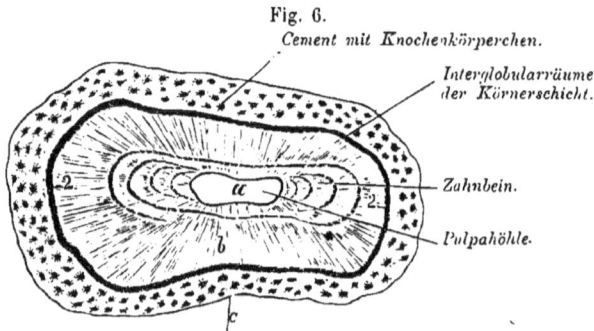

Fig. 6.

Cement mit Knochenkörperchen.

*Interglobularräume
der Körnerschicht.*

Zahnbein.

Pulpahöhle.

Querschliff durch eine Zahnwurzel.

a Pulpahöhle; *b* Zahnbein; *c* Cement; *2* Uebergang der Zahnbeincanälchen in die kleinen Interglobularräume der Körnerschicht.

ficirte Lage wahren Knochengewebes. Es enthält Knochenkörper-chen und Knochencanälchen, die jedoch nicht eigentliche Havers-sche Canälchen sonstigen Knochengewebes sind. Gegen den Zahnhals zu wird die Cementlage so dünn, dass die Knochenkörperchen hier fehlen und nur die sogenannten Kalkkörper übrig bleiben.

Diese Kalkkörperschicht findet sich analog der Globular-schicht im Zahnbein in der Peripherie des Cements.

Das Cement seinerseits ist wieder von einer bindegewebigen Membran, der Wurzelhaut bekleidet. Das Peridentium ist sehr blut- und nervenreich, steht durch die Oeffnung an der Wurzelspitze mit der Pulpa in Verbindung und geht am Zahnhals direct in das dichte, feste Gewebe des Zahnfleisches und das äussere Kieferperiost über.

Die Wurzelhaut bildet zugleich die innere Bekleidung der Alveole, mit welcher sie ebenso fest verwachsen ist, wie mit dem Cement. Demnach müssen wir festhalten, dass es nur ein der Wurzel und ihrer Alveole gemeinsames Periost gibt.

Diese Verhältnisse muss man sich bei jeder Zahnextraction klar machen können.

Mikroskopisch können wir trotzdem zwei Schichten unterscheiden, von denen die innere, der Wurzel anliegende, vorzugsweise zellige Elemente enthält, während die äussere, der Alveole anliegende Schicht eine deutlich faserige Structur zeigt.

Von den drei harten Zahnsubstanzen umschlossen ist die Pulpa, von Laien so gut wie Aerzten fälschlich der Zahnnerv genannt. Viel zweckmässiger könnte man die Pulpa analog dem Knochenmark als Zahnmark bezeichnen. Sie besteht aus fibrillärem Bindegewebe mit zahlreichen Gefässen und Nerven und hat im normalen Zustand ein blassrothes Aussehen.

Wir unterscheiden an ihr den Pulpakopf oder die Pulpakrone und die Pulpawurzel.

Die Wurzelstränge, welche in gleicher Zahl vorhanden sind, wie der Zahn Wurzeln hat, vereinigen sich oben zur Pulpakrone.

Wie schon bemerkt, wird die oberste Zellenschicht der Zahnpulpa von den Odontoblasten gebildet. Des besseren Verständnisses halber will ich hier nur nochmals wiederholen, dass diese Odontoblasten sogenannte Dentinzellenfortsätze ausschicken, welche in die Zahnbeinfasern übergehen und einen Theil der Dentinröhrchen ausfüllen.

Fig. 7.

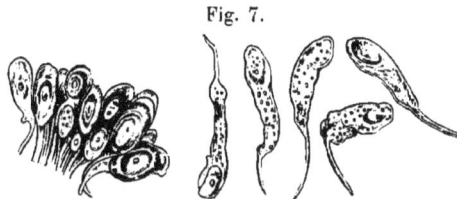

Odontoblasten nach Tomes. Starke Vergrösserung.

Die Farbe der Zähne.

Die Qualität der Zähne, ihre Güte und Dauerhaftigkeit beurtheilen wir nach ihrer Farbe, und zwar unterscheiden wir vier Gruppen:

1. Gelbe,
2. weisse,
3. bläuliche,
4. fleckige Zähne.

I.

Gelbe, kurze, gedrungene Zähne sind stark und gesund, in Krone und Wurzel kräftig entwickelt und sitzen sehr fest. Bei Extractionen ist letzteres zu beachten, doch brechen sie nicht leicht ab, weil ihre Substanz sehr dicht und widerstandsfähig ist. Sie werden selten cariös.

II.

Die weissen, gelblichweissen, glänzend weissen Zähne sind von allen die schönsten und gewöhnlich regelmässig geformt und gestellt, aber nicht so kräftig wie die gelben, nicht so fest und daher auch schon eher zu Caries geneigt.

III.

Die bläulichen, bläulichweissen oder kreidigweissen Zähne besitzen einen viel dünneren Schmelz, der brüchig ist und nicht so schön glänzend und transparent wie bei den beiden vorhergehenden Gruppen. Sie werden leicht cariös und gehen schnell zugrunde. Sie sind nicht sehr schwierig zu extrahiren, brechen bei geringer Vorsicht aber leicht, weil sie wenig widerstandsfähig sind.

IV.

Die fleckigen Zähne sind von allen die schlechtesten. Fleckig scheinen sie, weil ihr Schmelz verschieden gefärbt und nur stellenweise transparent ist. Die Caries befällt sie früh und macht unaufhaltsame Fortschritte. Ihre Extraction ist schwierig, weil sie sehr leicht brechen.

Entwickelung des Zahns.

Die Zähne sind lebende Theile des lebenden Organismus, sie wachsen, werden ernährt und haben ihren eigenen Stoffwechsel wie jedes andere Glied des menschlichen Körpers.

Etwa im fünften Monat des Fötallebens entsteht am Kieferwall des Embryo an jeder Stelle, wo ein Zahn entstehen soll, eine Anhäufung von Epithelzellen, der Zahnwall.

Von dem Zahnwall aus wächst das Epithel zapfenförmig in die Tiefe, in den Kieferwall hinein und bildet den Schmelzkeim.

Im Innern des Kieferwalles, dem unteren Rande des Schmelzkeims gegenüber und diesem entgegen, wächst eine Bindegewebspapille, welche den Dentinkeim oder die Zahnpapille bildet, aus der das Zahnbein entsteht.

Beim weiteren Wachsthum stülpt sich der Dentinkeim oder die Zahnpapille von unten her in den Schmelzkeim ein, so dass aus diesem eine Kappe wird, welche die Zahnpapille, das spätere Zahnbein, umgibt.

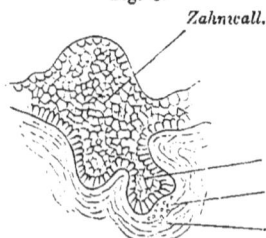

Fig. 8.

Zahnwall.

Schmelzkeim.

Zahnbeinkeim.

Es entsteht hauptsächlich aus den Odontoblasten, der äusseren Zellenschicht des Zahnbeinkeims.

Die Brücke oder der Hals, mit dem der Schmelzkeim mit dem Mutterboden des Zahnwalles in Verbindung steht, verengert sich immer mehr, bis sich aus ihm ein zweiter Zapfen abtrennt, der die Anlage des bleibenden Zahns ist. Die Keime des Milchzahns und des bleibenden Zahns sind also gleichzeitig im Kiefer vorhanden, befinden sich aber in einem verschiedenen Stadium der Entwickelung.

Fig. 9.

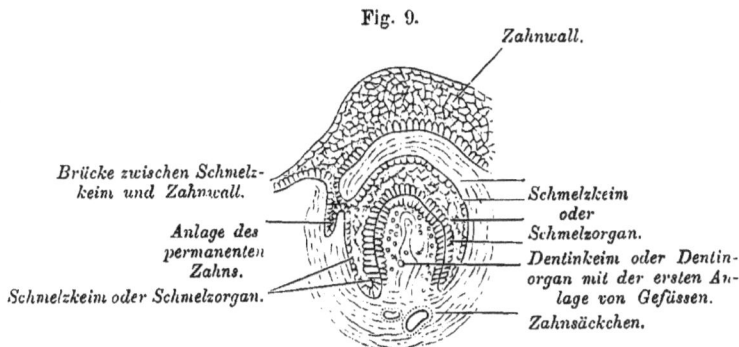

Zahnwall.

Brücke zwischen Schmelz- keim und Zahnwall.

Anlage des permanenten Zahns.

Schmelzkeim oder Schmelzorgan.

Schmelzkeim oder Schmelzorgan.

Dentinkeim oder Dentin- organ mit der ersten An- lage von Gefässen.

Zahnsäckchen.

Unter dem Dentinorgan entwickelt sich das sogenannte Zahn-säckchen, welches wieder das Schmelzorgan umgibt und zuletzt zum Schmelzoberhäutchen wird.

Durch Ablagerung von Kalksalzen aus dem Schmelz- und Dentin-organ werden Schmelz und Zahnbein gebildet. Das Cement und die Wurzelhaut entstehen aus dem Zahnsäckchen. Die äussere Zellen-schicht desselben bildet das Periost und die innere Zellenschicht, die Osteoblasten verknöchern.

Fig. 10.

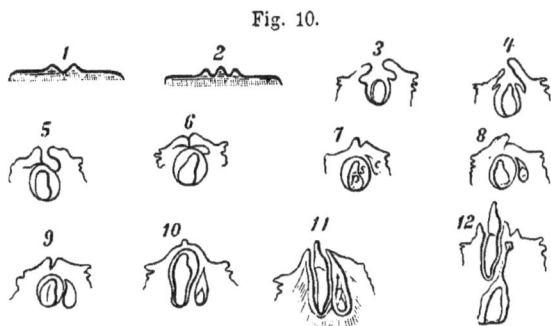

Schematische Darstellung von Durchschnitten durch die Zahnkeime und Zahnsäckchen des Milch- und bleibenden Zahns in verschiedenen Stadien ihrer Entwickelung. Nach Goodsir.

Kurz recapitulirt, entsteht ein Zahn also aus Schmelzkeim, Dentinkeim und Zahnsäckchen.

In der vorherstehenden Fig. 10 ist die Entwickelung des Milchzahns mit gleichzeitiger Anlage des bleibenden Zahns schematisch dargestellt.

Fig. 11.

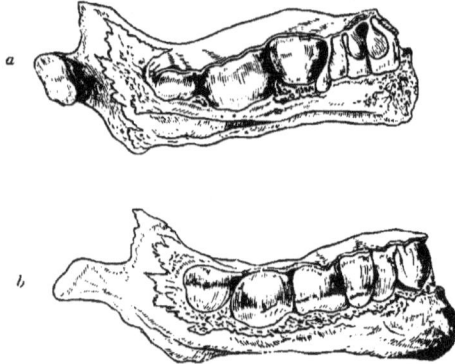

Zahnsäckchen im Unterkiefer eines neugeborenen Kindes.

a linke Hälfte mit Blosslegung der Zahnsäckchen an der inneren Seite; *b* die rechte Hälfte von der äusseren Seite eröffnet. An der inneren Seite (*a*) treten ausser dem Säckchen der Milchzähne und des ersten bleibenden Backzahns die Reservesäckchen für die bleibenden beiden Schneidezähne und den bleibenden Eckzahn hervor; dieselben stehen nach oben mit dem Zahnfleisch in Verbindung. Bei (*b*) der äusseren Ansicht gewahrt man nur die Säckchen der Milchzähne und des ersten Mahlzahns.

Das Wurzelwachsthum der Zähne beginnt erst nach Bildung der Krone, wie Fig. 12 es veranschaulicht.

Fig. 12.

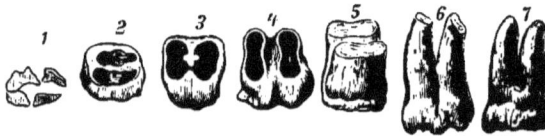

Verschiedene Stadien der Bildung eines Mahlzahns mit zwei Wurzeln. Nach Blake.

1 erste Bildung von Zahnbeinkuppen für die Kronenspitzen; bei allen übrigen Figuren ist die Krone nach abwärts gerichtet; *2* und *3* Bildung der Krone bis zum Hals, eine Dentinbrücke tritt quer an der Basis der Zahnpulpa hinüber; bei *4* ist die Trennung in zwei Wurzeln bereits vollständig; *5, 6* und *7* zeigen die weitere Bildung der Wurzeln.

Wenn die Krone durchgebrochen ist, wächst der Zahn in die Tiefe und seine Wurzeln sind erst mehrere Jahre nach vollendetem Durchbruch ausgewachsen.

Nach Baume wächst die Wurzel in den Kiefer hinein, d. h. sie verlängert sich auf Kosten des Kieferknochens. Am Boden der Alveole erfolgt eine Granulationsbildung, durch welche der Knochen der Alveole, welcher der wachsenden Wurzel im Wege steht, zur Resorption gebracht wird.

Die Pulpa ist in jungen Zähnen sehr gross und das Zahnbein verhältnissmässig dünn.

In demselben Grade, wie das Zahnbein durch die fortgesetzte Thätigkeit der Odontoblasten sich verdickt, wird die Pulpa kleiner, so dass diese bei senilen Zähnen schliesslich oft genug ganz einschrumpft und die Zähne absterben.

Trotzdem kann ein seiner Pulpa beraubter Zahn oft noch lange gebrauchsfähig bleiben, aber er wird nicht, wie man früher fälschlich annahm, von der Wurzelhaut ernährt, sondern durch Resorption an der Wurzelspitze allmählich vom Kiefer ausgestossen.

Die Pulpa ist das alleinige Ernährungsorgan des Zahns. Ausschliesslich durch ihre Gefässe geht der Stoffwechsel im Zahnbein vor sich, und zwar durch Vermittelung der Odontoblasten und ihrer ins Zahnbein eindringenden Fortsätze.

Dass aber im Zahnbein ein beständiger Stoffwechsel besteht, erkennen wir deutlich an den beim Ikterus gelb gefärbten Zähnen, die nach geheilter Krankheit ihre ursprüngliche Farbe wieder erlangen.

Das ist entschieden von grosser Bedeutung bei der Entwickelung und dem Wachsthum der Zähne, denn es gibt uns die Möglichkeit, therapeutisch einzuwirken und bei Kindern während des Wachsthums der Zähne deren Qualität zu verbessern.

Für den Schmelz gilt dies nur bis zu seinem vollendeten Wachsthum, da später in ihm ein Stoffwechsel nicht besteht. Empfindlichkeit besitzt der Schmelz auch nicht, das Zahnbein dagegen reagirt, wenn es frei liegt, durch eine Schmerzempfindung auf

thermische,

chemische und

mechanische Insulte,

als da sind: Kälte und Wärme — Säuren, Süssigkeiten und Salze — Berührung, Druck, Stoss und Schlag.

II. CAPITEL.

Das Milchgebiss.

Nachdem wir so gesehen, welche Bedeutung die Zähne haben, wie ein Zahn im Allgemeinen beschaffen ist, wie er sich bildet, wächst und ernährt wird, wollen wir jetzt zu der specielleren Beschreibung der Zähne, wie sie das Gebiss zusammensetzen, übergehen.

Wenn die Krone eines Zahns fertig gebildet ist, verödet das Schmelzorgan, die Ernährung des Schmelzes hört auf, er wird für den Kiefer ein Fremdkörper. Jeder Fremdkörper übt einen Reiz aus auf das umgebende Gewebe, das durch Granulationswucherungen bestrebt ist, sich des Fremdkörpers zu entledigen. So auch hier. Der Zahn wird durch die Granulationen gegen die Oberfläche des Kiefers gedrängt. Das ihn bedeckende Zahnfleisch wird in Folge des Druckes resorbirt, und der Zahn erscheint mit seiner Krone in der Mundhöhle. Das wuchernde Mark treibt ihn aus seiner Alveole, es kommt zum Durchbruch des Zahns.

Wir müssen nun, wenn wir von dem menschlichen Gebiss sprechen, die Zähne des Kindes von denen des Erwachsenen unterscheiden. Das kindliche Gebiss nennen wir die Milchzähne.

Es gibt 20 Milchzähne, und zwar:

Schneidezähne: 8 $\begin{cases} \text{oben} \quad 4 \\ \text{unten} \quad 4 \end{cases}$ je 2 mittlere je 2 seitliche.

Eckzähne: 4 $\begin{cases} \text{oben} \quad 2 \\ \text{unten} \quad 2 \end{cases}$ jederseits 1 oben und unten.

Milchbackzähne: 8 $\begin{cases} \text{oben} \quad 4 \\ \text{unten} \quad 4 \end{cases}$ jederseits 2 oben und unten.

Summe: 20.

Zur Bezeichnung eines Zahns können wir uns bequem folgende
Formel merken:

$$\overline{\dfrac{5\ 4\ 3\ 2\ 1\ |\ 1\ 2\ 3\ 4\ 5}{5\ 4\ 3\ 2\ 1\ |\ 1\ 2\ 3\ 4\ 5}}$$

Nach der Zahl wissen wir dann immer, welcher Zahn gemeint
ist. Z. B. $\dfrac{3}{\ }|\!-$ Eckzahn links oben. $-|\dfrac{\ }{5}$ zweiter Milchbackzahn rechts
unten.
Zur Unterscheidung vom bleibenden Gebiss wird dann d. l.
(dens lactis) dazu geschrieben. Z. B. $\dfrac{\ }{d\,1}|\!-$: erster Milchbackzahn
links unten. $-|\dfrac{1\ d1}{\ }$ $-|\dfrac{\ }{i\ d1}$ u. s. w.

Was im Allgemeinen die Form der Milchzähne betrifft, so will
ich hier nur betonen, dass sie im Grossen und Ganzen dieselbe Form
haben wie die bleibenden, nur ist zu beachten, dass die Milchbackzähne, welche die Vorgänger der Bikuspidaten sind, nicht dieselbe
Form haben wie ihre Nachfolger, sondern genau so gestaltet sind wie
die späteren Molaren, also vier Höcker an der Kronenauffläche, im
Unterkiefer je zwei Wurzeln und im Oberkiefer je drei Wurzeln haben.

Es ist vor allen Dingen für die Extraction der Zähne wichtig,
die Form derselben sich genau einzuprägen, weil darnach die Zange
gewählt werden muss, und weil darnach die Ausführung der Operation
sich richtet.

Fig. 13.

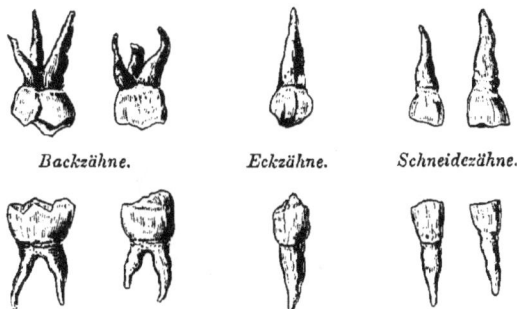

Backzähne.   *Eckzähne.*   *Schneidezähne.*

Milchzähne rechts oben und unten.

Demnach unterscheiden wir nach der Zahl der Wurzeln wie
folgt:
Einwurzelig: Schneidezähne und Eckzähne oben und unten;
zweiwurzelig: untere Milchbackzähne;
dreiwurzelig: obere Milchbackzähne.

Ein allgemein verbreiteter Irrthum im Laienpublicum ist, dass
die Milchzähne überhaupt keine Wurzel hätten. Wenn einmal bei

einem Kinde wegen Schmerzen ein Milchzahn vorzeitig extrahirt
werden muss, dann rufen die Eltern voller Staunen und Schrecken:
„Was hat doch der Zahn für eine grosse Wurzel", eben weil sie
gewöhnt sind, zu sehen, dass die Zähne zur Zeit des Wechsels ohne
Wurzel ausfallen oder lose im Zahnfleisch hängen und mit dem so
beliebten Faden entfernt werden können.

Selbstverständlich sind die Milchzähne kleiner, kürzer und
gedrungener als die bleibenden, weil der ganze Kiefer auch verhältnissmässig klein ist.

Unter Umständen kann es von Bedeutung werden, Milchzähne
von den bleibenden zu unterscheiden, da es Fälle giebt, wo Milchzähne nicht ausfallen, sondern noch beim erwachsenen Menschen lange
Jahre an ihrem Platze stehen. An der Form und an der Farbe
unterscheidet man sie dann von den bleibenden. Sie sind, wie gesagt,
kleiner, kürzer, gedrungener und gewöhnlich in hohem Grade abgenutzt,
abgeschliffen. Sie sind von bläulichweisser Farbe, milchähnlich, matter
als die bleibenden und oft auch etwas gelockert.

Die stehengebliebenen Milchbackzähne sind an ihrer Form unzweifelhaft zu erkennen. Sie haben vier Höcker auf ihrer Kronenkau-
fläche, während die kleinen Backzähne, die Bikuspidaten, ihre Nachfolger, welche an ihrem Platz stehen sollten, nur zwei Höcker haben.
In dem Fall ist also jeder Irrthum ausgeschlossen.

Fig. 14

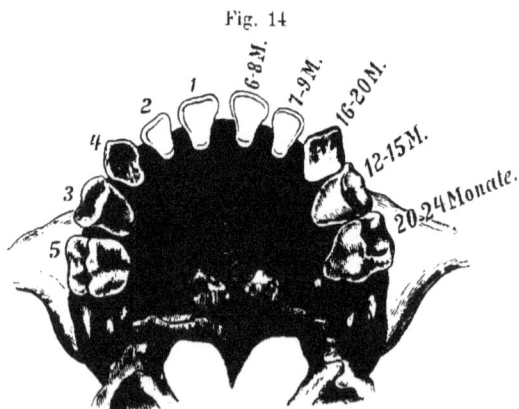

Schema des Durchbruchs der Milchzähne. Nach H. Welker.
Auf der einen Seite sind die mittleren Durchbruchszeiten, auf der anderen Seite ist die
Reihenfolge des Durchbruchs angegeben.
1 Mitte des ersten Jahres, 2 Ende des ersten Jahres, 3 Anfang des zweiten Jahres,
4 Mitte des zweiten Jahres, 5 Ende des zweiten Jahres.

Die Milchzähne erscheinen in folgender Reihenfolge, und zwar
immer zuerst im Unterkiefer, dann im Oberkiefer:

1. Mittlerer Schneidezahn,
2. seitlicher Schneidezahn,
3. erster Milchbackzahn,
4. Eckzahn,
5. zweiter Milchbackzahn.

Die Dentition beginnt im Allgemeinen mit ½ Jahr und ist nach zwei, respective 2½ Jahren beendet. Es können aber Kinder auch schon früher anfangen zu zahnen, ja einzelne können sogar mit Zähnchen geboren werden, doch gehen diese dann meistens wieder verloren und es sind diese Fälle auch selten. Häufiger bekommen Kinder ihre Zähne später, besonders wenn sie an Rhachitis leiden.

Fig. 15.

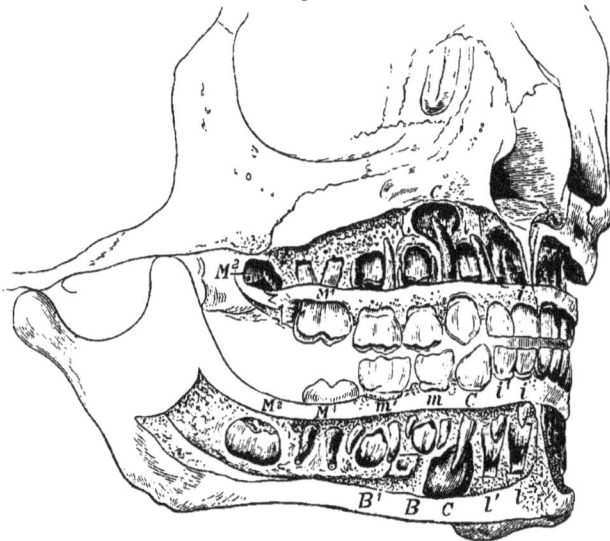

Die Zähne eines Kindes von etwa sechs Jahren, mit den verkalkten Anlagen der bleibenden Zähne.

Man übersicht die ganze, zu dieser Zeit vorhandene Zahnanlage der rechten Seite. Die Milchzähne sind mit kleinen, die bleibenden Zähne mit grossen Buchstaben bezeichnet.

Milchzähne: *i* innerer Schneidezahn, *i'* äusserer Schneidezahn, *c* Eckzahn, *m* erster Backzahn, *m'* zweiter Backzahn.

Bleibende Zähne: *I* erster Schneidezahn, *I'* zweiter Schneidezahn, *C* Eckzahn, *B* erster kleiner Backzahn, *B'* zweiter kleiner Backzahn, *M* erster Mahlzahn, der bereits das Zahnfleisch durchbrochen hat; *M²* zweiter Mahlzahn, welcher noch von dem Zahnfleisch bedeckt ist. Der Weisheitszahn ist noch nicht angelegt.

· III. CAPITEL.

Das bleibende Gebiss.

Wir kommen jetzt zu der zweiten Dentition, dem Wechsel der Zähne.

Mit sechs Jahren erscheint hinten im Munde des Kindes der erste bleibende Zahn. Es ist dies der erste Mahlzahn, welcher bei sehr vielen Kindern kommt, ohne beachtet zu werden.

Man sollte es kaum für möglich halten, aber es ist Thatsache, dass die meisten Mütter dies gar nicht bemerken. Wie könnte es sonst möglich sein, dass den Zahnärzten unzählige Patienten von acht Jahren an zugeführt werden, bei denen dieser Backzahn schon unrettbar verloren ist. Muss man ihn dann zum Ausziehen verurtheilen, so wird gesagt: „Es ist ja doch nur ein Milchzahn, denn das Kind hat noch keinen Backzahn gewechselt."

Allerdings, gewechselt hat es noch keinen, aber dass ein Kind nur 20 Milchzähne hat und dass die besprochenen Backzähne über diese Zahl vorhanden, also bleibende sind, dass der Durchbruch der Milchzähne mit zwei bis drei Jahren vollendet, dieser Zahn aber erst mit sechs Jahren gekommen ist, das alles weiss man nicht.

In den nun folgenden Jahren geht der Wechsel der Zähne vor sich. An die bereits fertigen, im Kiefer lagernden Kronen der bleibenden Zähne setzen sich die Wurzeln an. Der ganze Zahn übt dadurch einen Druck auf den Milchzahn aus, was zur Folge hat, dass die Wurzel desselben resorbirt wird und dieser selbst ohne Wurzel ausfällt. Da dieser Vorgang eben dem Laien unbekannt ist, so meint er, die Milchzähne hätten überhaupt keine Wurzel.

Wir finden hier wieder denselben Process von Resorption und Zellneubildung, wie beim Durchbruch der Milchzähne. Die Krone

des bleibenden Zahns übt, wenn sie nicht mehr wächst, als Fremdkörper einen Reiz auf das umgebende Gewebe aus, welches ihn
durch Granulationen auszustossen trachtet.

In Folge dieses Druckes auf den Milchzahn verliert dessen
Pulpa ihre Vitalität. Die Gefässe atrophiren, die Pulpa geht zugrunde,
und die Milchzahnwurzel wird jetzt von innen und aussen gleichzeitig resorbirt, bis eben der Zahn anfängt zu wackeln und dann
entfernt wird oder von selbst ausfällt. Unter ihm kommt sofort der
neue Zahn zum Vorschein.

Die bleibenden Zähne erscheinen in folgender Reihenfolge:

I. im   7. Jahr erster Molar,
II. „   8.   „   mittlerer Schneidezahn,
III. „   9.   „   seitlicher   „
IV. „ 10.   „   erster Bikuspidat,
V. „ 11.   „   Eckzahn,
VI. „ 12.   „   zweiter Bikuspidat,
VII. „ 13.   „   „   Molar,
VIII. „ 20. bis 40. Jahr Weisheitszahn.

Fig. 16.

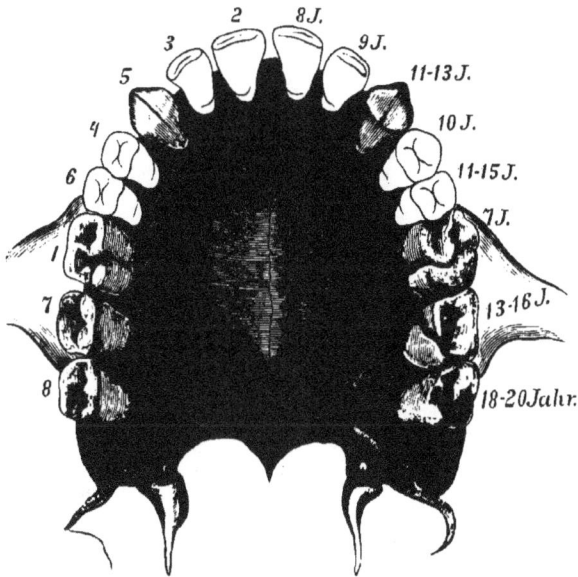

Schema des Durchbruchs der bleibenden Zähne. Nach Welker.

Auf der einen Seite sind die mittleren Durchbruchszeiten angegeben; die Zahlen 1 bis 8
auf der anderen Seite zeigen die Reihenfolge des Durchbruchs an.

2*

Bleibende Zähne gibt es 32, für deren Bezeichnung wir uns wieder folgende Formel merken:

$$\frac{8\ 7\ 6\ 5\ 4\ 3\ 2\ 1\ |\ 1\ 2\ 3\ 4\ 5\ 6\ 7\ 8}{8\ 7\ 6\ 5\ 4\ 3\ 2\ 1\ |\ 1\ 2\ 3\ 4\ 5\ 6\ 7\ 8}$$

Einwurzelig sind: die Schneidezähne,
Eckzähne und
Bikuspidaten.

Die ersten Bikuspidaten oben haben oft eine zweigetheilte Wurzel.
Zweiwurzelig sind: die unteren Molaren.
Die Wurzeln stehen im Kiefer hintereinander.
Dreiwurzelig sind: die oberen Molaren.
Zwei Wurzeln stehen buccal, eine palatinal; zwei aussen, eine innen.
Die Wurzeln der Weisheitszähne sind oft verschmolzen, wie sie ja im Ganzen schlecht entwickelt sind.

Die Kronen der Schneidezähne *) sind schaufelförmig,
die Kronen der Eckzähne laufen in eine Spitze aus,
die der Bikuspidaten haben zwei Höcker, und
die der Molaren vier Höcker.

Fig. 17.

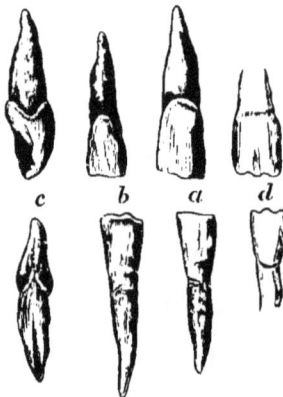

c   *b*   *a*   *d*

Fig. 18.

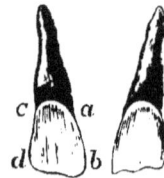

c   *a*
d   *b*

Die oberen Centralschneidezähne; *a b* Mesialkante, *c d* Distalkante.

Fig. 19.

Untere Schneidezähne.

Obere und untere Schneidezähne.
a vordere Ansicht des oberen und unteren mittleren Schneidezahns; *b* vordere Ansicht des oberen und unteren seitlichen Schneidezahns; *c* seitliche Ansicht des oberen und unteren mittleren Schneidezahns, wobei man die meisselförmige Zuschärfung der Krone sieht; an der Wurzel des unteren Zahns ist eine seichte Längsfurche zu sehen; *d* Kronen des oberen und unteren mittleren Schneidezahns, bevor sie abgenützt sind, mit den gezähnelten Schneiderändern.

*) Nach dem Durchbruch haben die permanenten Schneidezähne auf ihrer Schneidefläche noch drei Schmelzspitzen, die sich später abnützen.

Bei den unteren Schneidezähnen sind die seitlichen breiter als die mittleren, während bei den oberen umgekehrt die mittleren breiter sind als die seitlichen.

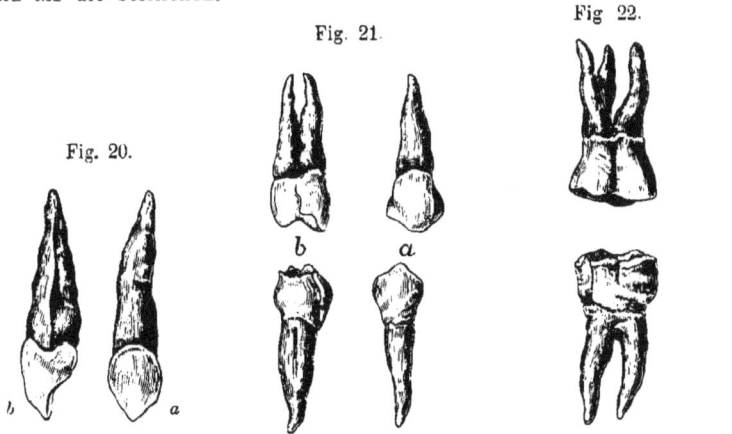

Fig. 21.

Fig 22.

Fig. 20.

Oberer Eckzahn.

a vordere Ansicht, *b* Seitenansicht, bei welcher man die grosse seitliche Wurzelrinne und die stark zugespitzte Krone sieht.

Erster kleiner Backzahn des Ober- u. Unterkiefers.

a vordere Ansicht, *b* seitliche Ansicht, bei welcher man die Furche an der Wurzel und bei dem oberen die Tendenz zur Theilung sieht.

Erster grosser Backzahn des Ober- u. Unterkiefers.

Man sieht beide Zähne von aussen her.

Die Abbildungen des Alveolartheiles der Kiefer (Fig. 23 und 24) sind Mühlreiter's Anatomie des menschlichen Gebisses entnommen. Sie zeigen in vorzüglicher Weise, wie die Form der Zahnwurzeln beschaffen ist und wie dieselben ihre Anordnung im Kiefer finden.

Fig. 23.

Schneidezähne.

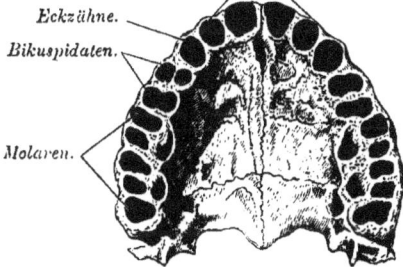

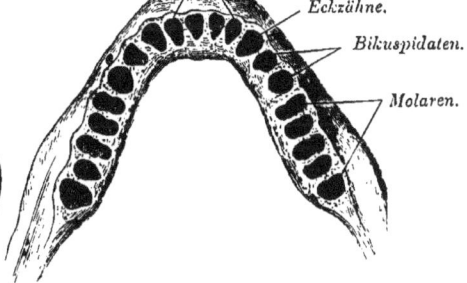

Fig. 24.

Schneidezähne.

Eckzähne.

Bikuspidaten.

Molaren.

Eckzähne.

Bikuspidaten.

Molaren.

Die Oberkieferknochen mit sämmtlichen Alveolen, von der Gaumenseite gesehen.

Unterkieferkörper, von der Alveolarseite her gesehen.

Eine dritte Dentition, wie sie früher beschrieben wurde, gibt es nicht. In allen Fällen, wo es sich um ein scheinbar drittes Zahnen handelt, sind es Zähne der zweiten Dentition, die aus irgend einer Ursache an ihrer Entwickelung oder ihrem rechtzeitigen Durchbruch verhindert waren und dann später, oft erst im vorgerückten Alter, nach Beseitigung der Hindernisse zum Vorschein kommen.

Articulation.

Unter Articulation oder Biss verstehen wir die Stellung der unteren Zähne zu den oberen bei geschlossenem Munde.

Zu der oberen feststehenden Zahnreihe lässt sich der bewegliche Unterkiefer mit seinen Zähnen in verschiedene Stellungen bringen, wie das ja zum Kauen unbedingt erforderlich ist.

Fig. 25.

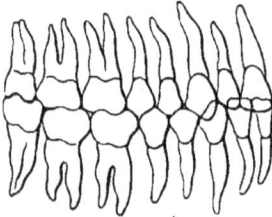

Articulation der Zahnreihen.

Normale Articulation aus Mühlreiter's „Anatomie des menschlichen Gebisses".

Beim Schluss der Kiefer aber ist die normale Articulation hergestellt und fixirt, wenn sämmtliche Backzähne sich mit ihren Kauflächen berühren und die oberen Schneide- und Eckzähne vor den unteren stehen, weil eben der Zahnbogen des Oberkiefers entsprechend grösser als der des Unterkiefers ist.

Wenn also bei einer normalen Articulation die Schneidezähne aufeinander beissen, so muss zwischen den Kronen der Bikuspidaten und Molaren des Ober- und Unterkiefers ein Zwischenraum sein, der wieder verschwindet, wenn der Unterkiefer zurückgeschoben wird, wenn der Gelenkkopf des Unterkiefers sich wieder in seiner Gelenkpfanne befindet und die unteren Schneidezähne hinter die oberen fallen.

IV. CAPITEL.

Anomalien.

Während in Obigem der normale Bau der Zähne, ihre Zahl, Grösse, Form, Entwickelung, ihr Wachsthum und Wechsel besprochen wurde, kommen wir jetzt zur Beschreibung der von der Norm abweichenden Erscheinungen, zu den Anomalien der

> Form,
> Zahl und
> Stellung.

Anomalien der Form.

Zu den Anomalien der Form zähle ich die der Grösse und des Baues.

Weil dieselben im Allgemeinen ohne Bedeutung für die Praxis sind, so will ich sie nur ganz kurz erwähnen.

Die abnorm grossen oder kleinen Zähne sind als solche einer Behandlung in der Regel nicht bedürftig.

Die Anomalien des Baues betreffen die:

> Krone,
> Wurzel oder
> beide gleichzeitig.

Die Krone zeigt häufig Defecte im Schmelz, sogenannte Erosionen, die, wenn sie in grösserer Zahl vorkommen und reihenweise angeordnet sind, die Ursache des welligen Schmelzes sind, der den gerieften Zähnen eigenthümlich und häufig die Folge von Rhachitis ist.

Fig 26.

Geriefte Zähne.

Eine andere Form von Schmelzdefecten und mangelhafter Bildung der Krone finden wir bei Schneidezähnen derjenigen Personen, welche mit hereditärer Syphilis behaftet sind, worauf Hutchinson zuerst aufmerksam machte. Die Kronen solcher syphilitischen Zähne sind klein, an ihrer Schneide schmal und halbmondförmig ausgeschnitten.

Fig. 27.

Syphilitische Zähne nach Hutchinson.

Syphilitische Zähne im Ober- und Unterkiefer nach kürzlich erfolgtem Durchbruche.

Syphilitische Zähne im Ober- und Unterkiefer, an welchen nach Verlauf kurzer Zeit die Schneidefläohen abgenutzt sind.

Die Krone kann ferner um ihre Achse gedreht oder im Verhältniss zur Wurzel geknickt sein. Doch betrifft beides fast nur die Schneidezähne, während die Eckzähne, Bikuspidaten und Molaren selten eine abnorme Form zeigen. Nur die Weisheitszähne machen eine Ausnahme, da ihre Krone oft sehr schlecht entwickelt, ja geradezu verkümmert ist.

Fig. 28.

Unterer Mahlzahn mit geknickten Wurzeln.

Ueberzähliger Zahn mit spiralförmiger Wurzel.

Rechtwinkelige Knickung des Wurzeltheiles an Schneidezähnen.

Oberer Mahlzahn mit stark divergirenden Wurzeln.

Eckzähne mit geknickter Wurzel.

Die Wurzel eines Zahns ist sehr häufig gekrümmt oder geknickt. Die Knickung befindet sich am Zahnhals, in der Mitte oder
an der Spitze.

Nicht selten finden wir überzählige Wurzeln. Ich habe z. B.
schon mehrfach untere Molaren mit drei Wurzeln extrahirt. Doch
will ich keinen solchen Zahn, deren ich verschiedene in meiner Sammlung besitze, abbilden, da sie genau die Form eines oberen Mahlzahns
haben. Dagegen zeige ich in Fig. 29 vierwurzelige obere Molaren,

Fig. 29.

Ueberzählige Wurzeln.

von denen einer nebenbei auch ganz gekrümmte Wurzeln hat, während
ein zweiter noch nicht ausgewachsen ist. Daneben sehen wir einen
Bikuspidaten mit drei Wurzeln und in Fig. 26 unter den gerieften
Zähnen einen Eckzahn mit zwei Wurzeln. Dies sind Leichenzähne aus
der hiesigen Anatomie, doch finden sich derartige Anomalien in
jeder Praxis.

Diese Ueberzahl von Wurzeln, welche an allen Zähnen auftreten kann, an den Schneidezähnen aber am seltensten sich zeigt,
entsteht in der Regel durch Spaltung einer Wurzel in mehrere.

Andererseits können wieder mehrere Wurzeln zu einer verschmelzen, wie wir es in Fig. 30 sehen.

Fig. 30

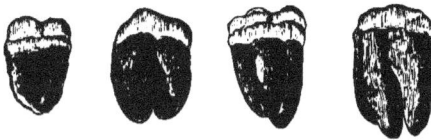

Verschmolzene Wurzeln.

Die Wurzeln eines Zahns divergiren oft in hohem Grade und
können dann gleichzeitig auffallend stark und lang Fig. 31.
sein, was uns bei der Extraction erhebliche Schwierigkeiten macht.

Ein ferneres, bei der Extraction mitunter schwer
zu überwindendes Hinderniss bietet die Exostose einer
Wurzel, welche in Folge von Cementhypertrophie entsteht (siehe Fig. 31). — Solche Wurzelexostosen ver- Exostose an der
ursachen besonders am Unterkiefer, wo der Canalis Bikuspidaten.

inframaxillaris dicht unter den Zahnwurzeln verläuft, unter Umständen heftige Neuralgien.

Zwei Zähne können miteinander verschmelzen, indem ihre Zahnkeime und Zahnsäckchen bei zu naher Lagerung sich vereinigen. Meistens sind dies Zähne, die sich fast gleichzeitig entwickeln, und zwar am häufigsten Schneidezähne. Sie sind total oder nur partiell verschmolzen.

Bei totaler Verschmelzung von Krone und Wurzel haben beide Zähne nur eine Pulpa.

Fig. 32.

Verwachsene Zähne.   Verschmolzene Zähne.

Bei partieller Verschmelzung sind entweder die Kronen verschmolzen und die Wurzeln getrennt oder die Kronen vollkommen für sich entwickelt, an ihren Wurzeln aber vereinigt.

Von den verschmolzenen sind zu unterscheiden verwachsene Zähne. Die Verwachsung erfolgt erst während des Wachsthums der Wurzeln, wenn diese sich berühren durch gemeinschaftliches Cement, oder nach vollendeter Entwickelung, wenn die Wurzelhäute beider Zähne sich berühren und durch das sich bildende Cement vereinigt werden, während die Verschmelzung schon in der Anlage der Zähne auftritt.

Fig 33.

Wurzelodontom nach Ch. Tomes.

Die Odontome sind Missbildungen des Zahns, welche durch eine Entartung des Zahnkeims entstehen, bevor derselbe von harten Geweben umgeben ist.

Wir unterscheiden nach ihrer Structur:

harte,

weiche und

gemischte Odontome,

und nach ihrem Sitz:

Kronen- und

Wurzelodontome.

Derartige Missbildungen kommen in der Praxis selten vor, weshalb ich darauf verzichten muss, sie hier näher zu erörtern. Wissenschaftlich sind sie jedoch sehr interessant, und deshalb verweise ich Alle, welche sich mit dem Studium derselben eingehender beschäftigen

wollen, auf Wedl's Pathologie der Zähne und die Lehrbücher von
Baume und Scheff, in denen die Odontome nach ihrer Bildung und
Structur sehr genau beschrieben sind. Nur das
will ich in Bezug auf ihre Behandlung bemerken,
dass solche Fälle in der Regel dem Chirurgen
zuzuweisen sind, da meistens ein Theil des
Kiefers resecirt werden muss.

Fig. 33 a.

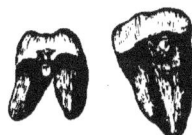

Schmelztropfen.

Zu den Anomalien der Form können wir
schliesslich noch die Schmelztropfen zählen, wie
Fig. 33 a sie uns zeigt.

Anomalien der Zahl.

Das normale menschliche Gebiss zählt 32 Zähne. Die Anomalie
nun kann in einer:

Ueberzahl oder

Minderzahl

bestehen.

Ueberzählig nennen wir jeden Zahn, durch den die normale
Zahl der Zahnsorte, zu welcher er gehört, überschritten wird, wenn
auch im Ganzen vielleicht nur 32 Zähne oder sogar weniger vorhanden sind.

Demnach müssen wir festhalten, dass durch die Ueberzahl
einer Zahnsorte die gleichzeitig bestehende Minderzahl
einer anderen nicht ausgeschlossen ist.

Von den verschiedenen Zahngattungen sind es meistens die
Schneidezähne und von diesen am häufigsten wieder die seitlichen im
Oberkiefer, welche in der Ueberzahl vorkommen.

Schliesslich gibt es überzählige Zähne, welche ihrer Form nach
keiner Zahngattung zuzuzählen sind. Es sind dies verkrüppelte
Zapfenzähne, die in der Regel am Oberkiefer in der Gegend der
Schneidezähne ihren Sitz haben.

Stehen sie vor dem Zahnbogen, so entstellen sie, stehen sie
hinter demselben, so hindern sie beim Sprechen, und endlich stehen
sie in der Zahnreihe, so begünstigen sie durch die gedrängte Stellung das Auftreten der Caries. Deshalb werden sie am besten in
jedem Falle extrahirt.

Ich sah vor Kurzem eine Frau, welche einen solchen Zapfen-
zahn vor dem linken oberen seitlichen Schneidezahn hatte. ($\frac{2}{}$— Durch
diese einfache Formel haben wir die genaueste Bezeichnung für den
linken oberen seitlichen Schneidezahn.) Schon zweimal war an dieser
Stelle ein solcher Zahn extrahirt und sogar zum drittenmal war er

wieder erschienen. Ob er jetzt auch zum viertenmal noch wiederkommen wird, soll erst die Zukunft lehren (siehe Fig. 34).

Fig. 34

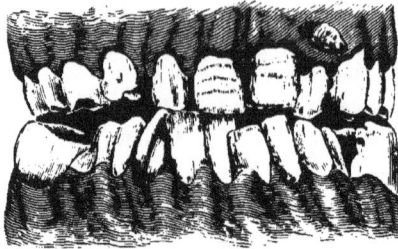

Ueberzähliges Zapfenzähnchen.

Einen überzähligen Weisheitszahn extrahirte ich einer anderen
Dame. Er sass rechts oben neben dem Weisheitszahn, und zwar auf
der äusseren Seite $-\frac{8}{1}$. Selten findet man derartige Anomalien beim
Milchgebiss, doch besitze ich noch ein Modell von dem Oberkiefer
eines siebenjährigen Kindes mit einem grossen Zapfenzahn zwischen
den mittleren Schneidezähnen (Fig. 36).

Fig. 35.

Ueberzählige Zähne.

Die Minderzahl einer Zahnsorte, der
Mangel einzelner Zähne ist viel häufiger als die
Ueberzahl. Es ist dabei aber zu beachten, ob
der fehlende Zahn nicht früher auch extrahirt
worden ist. Dies ist beim ersten bleibenden
Zahn häufig der Fall, sei es, dass er schon frühzeitig an Caries zugrunde gegangen, sei es, dass

Fig. 36.

Zapfenzahn beim Milchgebiss.

Fig. 36 a.

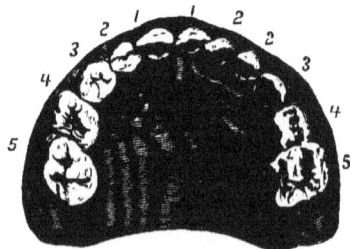

Ueberzähliger kleiner Schneidezahn
links oben beim Milchgebiss.

er, um anderen Zähnen Platz zu schaffen, entfernt werden musste.
Ist dies vor dem zwölften Jahr geschehen, so ist auch keine Lücke

mehr vorhanden, da dann der zweite Molar an seinen Platz gerückt ist. Auf diese Weise kann es kommen, dass man in vielen Gebissen scheinbar die Weisheitszähne vermisst, während sie doch in der That vorhanden sind, aber den Platz des zweiten Molaren eingenommen haben und dieser den des ersten frühzeitig extrahirten.

Abgesehen von diesen Fällen aber fehlt der Weisheitszahn in der That am häufigsten von allen Zähnen. Danach folgen die Eckzähne und Prämolaren.

Das Fehlen einzelner Zähne ist oft durch ein Ausbleiben des betreffenden Zahns, durch eine Retention desselben im Kiefer bedingt, während sein Vorgänger, der Milchzahn, noch ruhig an seinem Platze steht und seinem Besitzer unter Umständen selbst bis zum vierzigsten Jahre gute Dienste leisten kann. Es sind diese Fälle nicht selten, und jeder Praktiker bekommt hie und da solche zu Gesicht. Man darf sich dann aber nicht verleiten lassen, den Milchzahn, wenn er noch fest ist, zu extrahiren, in dem Glauben, der bleibende könne dann besser nachrücken. Denn man würde dadurch nur eine Lücke schaffen, da die Retention des bleibenden Zahns in den meisten Fällen durch seine abnorme Lagerung bedingt ist.

Fig. 37.

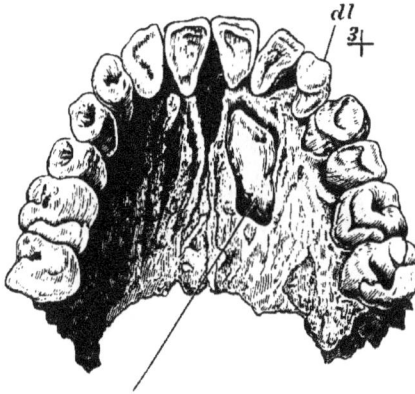

Retention eines linken oberen Eckzahns $\frac{3}{+}$ nach Salter.

Der stehen gebliebene Milchzahn ist nicht die Ursache, sondern die Folge der Retention des bleibenden Zahns im Kiefer.

Anomalien der Stellung.

Schliesslich kommen wir zu den Anomalien der Stellung. Dabei wollen wir zunächst die unregelmässige Stellung einzelner

Zähne berücksichtigen, ehe wir die ganzer Zahnreihen, welche eine Anomalie der Articulation bedingen, besprechen.

Die Dislocation einzelner Zähne kann darin bestehen, dass dieselben vor oder hinter der Zahnreihe stehen oder dass sie um ihre Achse gedreht sind.

Am häufigsten betrifft diese Stellungsanomalie die unteren Schneidezähne, welche beim Kinde hinter den noch stehenden Milchzähnen erscheinen.

Bei genügendem Raum rücken sie nach Extraction der Milchzähne in Folge des beständigen Druckes der Zungenspitze bald von selbst an ihren Platz. Auch hier sind die stehen gebliebenen Milchzähne wieder nicht die Ursache, sondern vielmehr die Folge einer Dislocation des bleibenden Zahns. Die Dislocation hat ihren Grund in der ursprünglichen abnormen Lagerung des Zahns im Kiefer. Um aber dem dislocirten bleibenden Zahn die Selbstregulirung zu erleichtern, respective zu ermöglichen, muss selbstverständlich der Milchzahn entfernt werden.

Bei oberen Schneidezähnen jedoch kann eine solche Selbstregulirung oft nicht erfolgen. Steht ein oberer Schneide- oder Eckzahn z. B. hinter der Zahnreihe, so dass die unteren Zähne beim Schliessen der Kiefer statt hinter, vor diesen Zahn beissen, so ist eine Selbsthilfe unmöglich. Hier muss die Technik eingreifen, und das ist für die Regulirung einer der dankbarsten Fälle.

Fig. 38

Regulirmaschine.

Man fertigt eine Kautschukplatte an, welche die sämmtlichen Backzähne des Oberkiefers überkappt, so dass beim Zusammenbiss die Schneidezähne sich vorn nicht mehr berühren, d. h. also man erhöht den Biss und lässt die unteren Zähne nur noch auf die Regulirmaschine beissen. In dieser Kappe befindet sich vorn eine Metallplatte, welche der Rückseite des zu regulirenden Zahns anliegt. Sie ist in den Kautschuk einvulcanisirt. In der Metallplatte, die aus dickem Neusilber besteht, ist der Mitte des Zahns gegenüber ein Loch mit einem Gewinde, in dem eine Schraube sitzt.

Durch langsame Umdrehung dieser Schraube *) (etwa alle zwei
Tage eine Drehung vorwärts) wird der Zahn ganz allmählich und
schmerzlos vorgedrückt, bis er beim Zusammenbeissen statt hinter
jetzt vor dem correspondirenden unteren Zahn steht.

Dies ist nach etwa 14 Tagen schon der Fall und dann ist der
Zweck der Regulirmaschine erfüllt. Sie braucht nicht mehr getragen
zu werden, denn der Zahn kann in seine alte Stellung nicht mehr
zurück. Er wird durch die unteren Zähne daran gehindert, indem
ihn diese beim Beissen eher immer noch weiter nach vorn drängen,
bis er in einer Reihe mit den anderen steht.

Fig. 38 a, b, c zeigen zwei weitere Regulirmaschinen mit Schrauben
und einem Instrument zum Verstellen derselben.

Fig. 38 b.

Fig. 38 a.

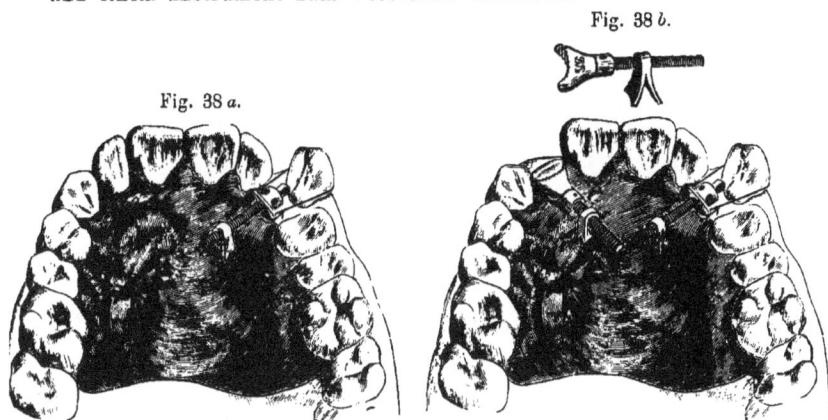

egulirmaschine zur Retraction des ausser
der Reihe stehenden linken oberen Eckzahns.

Regulirmaschine um den ausserhalb der Zahnreihe stehenden linken oberen Eckzahn zurück-
zuziehen und den nach innen von der Zahnreihe
stehenden rechten seitlichen Schneidezahn vor-
zudrängen.

Fig. 38 c.

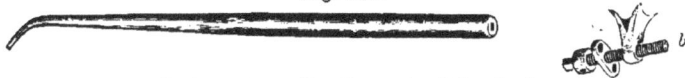

c Instrument zur Regulirung der Schraube b.

*) Zu beachten ist nur, dass bei auftretender Empfindlichkeit des Zahns die
Schraube für einige Tage nicht gedreht wird, bis die Schmerzhaftigkeit sich wieder
ganz verloren hat. Den in die Mundhöhle vorragenden Theil der Schraube kann man
nach jedesmaliger Drehung mit etwas Siegellack bedecken, um etwaige Verletzungen
der Zunge zu vermeiden. Die Maschine wird Tag und Nacht getragen, auch beim Essen,
da sonst die unteren Zähne beim Kauen den zu regulirenden Zahn immer wieder in
seine alte Stellung zurückdrängen würden. Nach den Mahlzeiten wird sie herausgenommen und mit Seife und Bürste gereinigt und die Zähne mit Pulver gebürstet.
Die Kinder gewöhnen sich so gut an das Tragen der Maschine, dass sie dieselbe
nachher nur ungern ablegen.

Wenn der genügende Raum in der Zahnreihe nicht vorhanden ist, complicirt sich die Regulirung unter Umständen bedeutend, da man dann erst Platz schaffen muss, sei dies nun durch blosse Extraction eines Zahns oder durch gleichzeitiges Herausdrängen anderer, je nachdem es der vorliegende Fall fordert. Es kann aber nicht der Zweck dieses Buches sein, alle Möglichkeiten und Behandlungsmethoden genau zu besprechen, sondern es gilt hier nur an einem Beispiel zu zeigen, dass eine Regulirung abnorm gestellter Zähne stattfinden kann und muss. Hier will ich nur die Aufmerksamkeit der Aerzte auf solche Fälle hinlenken, damit besonders der Hausarzt bei den ihm anvertrauten Kindern eine solche Anomalie sieht und sie gleich einem Zahnarzt zur Behandlung überweist.

Nicht selten stehen die mittleren Schneidezähne so weit auseinander, dass für die seitlichen nicht genügend Raum vorhanden ist. Auf einfache Weise kann man hier durch Gummiringe, die man um die mittleren Schneidezähne legt, Platz schaffen. Durch den beständig wirkenden Zug nähern sich die Zähne einander und die Nachbarn erhalten Raum zum Einrücken in die Reihe.

Fig. 39.

Zusammenziehung weit auseinander stehender mittlerer Schneidezähne mittelst eines Gummiringes.

Man muss beachten, dass die Gummiringe nicht zu weit hinaufgeschoben werden, da sie sonst leicht unter das Zahnfleisch gleiten und eine schmerzhafte Entzündung desselben hervorrufen. Alle zwei Tage werden sie gewechselt und müssen so lange getragen werden, bis die seitlichen Zähne ihren Platz eingenommen haben, weil die mittleren bei nachlassendem Zug sonst wieder auseinander weichen würden, so lange eben, bis sich ihre Wurzeln in der neuen Stellung befestigt haben.

Man thut jedoch gut, sobald die Zähne zusammengezogen sind, dann nicht mehr Gummiringe anzuwenden, sondern sie mit einem gewachsten Seidenfaden zusammenzubinden, da unter Umständen die Gummiringe zu stark ziehen und die Zähne um ihre Achse drehen könnten.

Die Eckzähne wechseln, nachdem bereits sämmtliche Schneidezähne und die ersten kleinen Backzähne erschienen sind. Deshalb finden sie sehr häufig nicht genügend Platz und brechen nun labialwärts, also nach aussen von der Zahnreihe durch, kommen oben am Alveolarrand unter der Lippe zum Vorschein. Diese Stellungsanomalie bilde ich nicht ab, weil man sie in hinreichender Zahl in der Praxis beobachten kann.

Durch Extraction des ersten Molaren, welcher in gedrängten Zahnreihen ja doch gewöhnlich sehr bald verloren geht, kann meistens dem Platzmangel abgeholfen werden. Die Zähne rücken dann durch den Druck von Lippe und Wange und in Folge der Kaubewegungen in ihre normale Stellung zu den Antagonisten.

Wenn man aber sieht, dass auf eine so einfache Weise nicht Raum genug zu schaffen ist, so wird ein stark dislocirter Zahn am besten ausgezogen, weil die Lücke dann in sehr kurzer Zeit verschwunden ist und das Fehlen des Zahns im gewöhnlichen Leben Niemandem auffällt, auch sonst von keinem Nachtheil ist. Jedenfalls darf man niemals durch langwierige und mühevolle Regulirung eine gedrängte und dadurch dem frühen Untergang geweihte Zahnreihe schaffen.

Fig. 40.

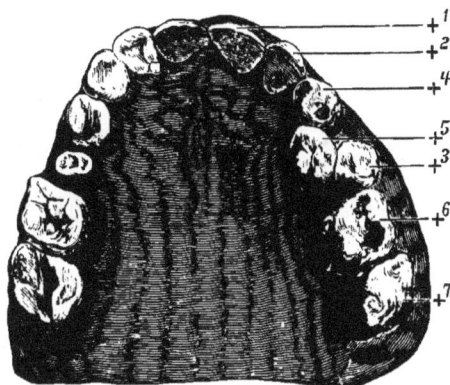

Stellungsanomalie des Eckzahns links oben.

Die ersten Prämolaren stehen selten abnorm, weil sie bei ihrem Erscheinen als die ersten nach den Schneidezähnen Platz genug finden.

Die zweiten Bikuspidaten dagegen sind durch die ersten Molaren und ersten Bikuspidaten oft eingeengt, besonders wenn ihr Vorgänger, der zweite Milchbackzahn, vorzeitig extrahirt werden musste.

Von den Molaren betheiligt sich nur der Weisheitszahn an den Stellungsanomalien, weil die beiden ersten bei ihrem Erscheinen Platz genug im Alveolarbogen vorfinden.

Die Kronen der Weisheitszähne sind nicht selten so gelagert, dass ihre Kaufläche ganz nach hinten oder ganz nach aussen gerichtet ist, was bei der Extraction Schwierigkeiten bereiten kann.

Schliesslich kommen wir dann zu der abnormen Stellung ganzer Zahnreihen, die eine Anomalie der Articulation bedingen, und wollen der Reihe nach besprechen:

1. Den geraden Biss,
2. den vorstehenden Biss,
3. den vorspringenden Biss,
4. den schiefen oder gekreuzten Biss,
5. das offene Gebiss und
6. den **V**-förmigen Kiefer.

Beim geraden Biss beissen die unteren Schneidezähne direct auf die oberen und fallen nicht, wie normal, hinter die oberen.

Die Kronen der sämmtlichen vorderen Zähne nützen sich deshalb mit der Zeit ganz ab, so dass die Pulpahöhle eröffnet würde, wenn sich nicht von der Pulpaoberfläche aus beständig Ersatzdentin bildete und die Pulpa selbst immer kleiner und kürzer würde.

Fig. 41.

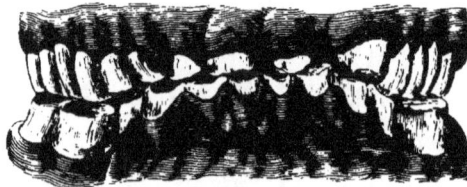

Der vorstehende Biss kennzeichnet sich dadurch, dass 'die vorderen Zähne des Oberkiefers so weit vor die unteren treten, dass eine Berührung nicht mehr stattfinden kann, sondern die unteren Zähne zu weit hinter die oberen fallen und ins Zahnfleisch beissen.

Fig. 42.

Bei dem vorspringenden Biss ist das Verhältniss umgekehrt, hier fallen oder „springen" die unteren Vorderzähne in Folge eines zu weiten Unterkieferbogens vor die oberen.

Fig. 43.

Der schiefe oder gekreuzte Biss entsteht dadurch, dass auf einer Seite, von der Mittellinie aus gerechnet, die vorderen unteren Zähne normal hinter die oberen fallen und auf der anderen Seite vor die oberen, die unteren sich also mit den oberen kreuzen.

Fig. 44.

Beim offenen Gebiss können bei geschlossenem Munde die Schneidezähne, mitunter auch noch die Eckzähne, und in hochgradigen Fällen sogar die Bikuspidaten nicht in Berührung gebracht werden, so dass dann nur die Molaren aufeinander beissen.

Fig. 45.

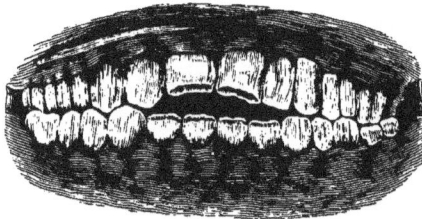

Diese Articulationsanomalie beruht meistens auf einem zu kurzen Gelenkfortsatz des Unterkiefers, mitunter auch in einer abnorm starken Ausbildung des Alveolarfortsatzes und kann nicht, wie man früher wollte, durch Extraction einiger Molaren beseitigt werden.

Fig. 46.

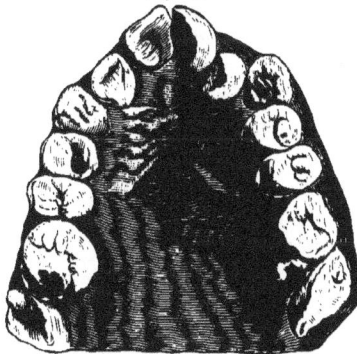

3*

Der **V**-förmige Kiefer betrifft nur den Oberkiefer bei vollkommen normalem Unterkiefer. An den Seiten ist der Alveolarbogen
eingedrückt und vorn spitz, während das Gaumengewölbe ausser-
gewöhnlich hoch und eng ist (s. Fig. 46).

Diese Articulationsanomalien lassen sich durch Maschinen
in der Jugend sämmtlich reguliren. Meistens lässt der Zahnarzt sie
überhaupt nicht aufkommen, wenn er Gelegenheit hat, den Zahnwechsel bei einem Kinde zu beobachten.

Manche Stellungsanomalie, die in einer schlechten Angewohnheit
vieler Kinder ihren Grund finden kann, muss man schon in der
frühesten Kindheit zu verhüten suchen. Es kann z. B. durch das
bekannte Daumenlutschen kleiner Kinder, wenn dasselbe noch
nach dem Zahnwechsel fortgesetzt wird, ein vorstehender Biss
entstehen.

Durch das Gewicht der Hand werden, wenn immer am Daumen
gesaugt wird, die Vorderzähne des Unterkiefers nach innen und die des
Oberkiefers nach aussen gedrängt, so dass in extremen Fällen die
letzteren weit über die Unterlippe hervorragen können. Ich besitze
ein derartiges Modell.

Das Fingerlutschen bringt eine andere Anomalie in der Entwickelung des Mundes zu Stande als das Daumenlutschen. Wenn das
Kind die ganze Hand in den Mund steckt und immer an seinen vier
Fingern saugt, so kann die Schwere der Hand noch ganz anders
wirken.

Die Vorderzähne des Unterkiefers werden durch dieselbe vor-
gezogen und verlängert, so dass wir einen vorspringenden Biss
erhalten.

Ein offener Biss kann entstehen durch das Saugen an der
Unterlippe und das Spielen mit der Zunge.

Oefter kommt ein Herr zu mir, der bis zu seinem zwölften Jahr
stets die Zunge beim Schlafen herausstreckte, dem es unmöglich war,
anders zu schlafen. Seine Vorderzähne konnten in Folge dessen nicht
in normaler Weise wachsen, weil sie durch die dazwischen liegende
Zunge daran verhindert wurden. Er hat einen offenen Biss davon
bekommen, was natürlich eine Entstellung bedingt, beim Beissen und
Sprechen hinderlich ist.

Das Modell befindet sich in meiner Sammlung (s. Fig. 45).

Selbstverständlich muss man diese üblen Gewohnheiten der
Kinder rechtzeitig bekämpfen.

Das Daumen- und Fingerlutschen wird verhütet, indem die
Hände des Kindes Nachts mit daumenlosen Handschuhen bekleidet
und diese an den Aermeln des Nachtkleides festgenäht werden, so
dass sie nicht abgestreift und die Hände nicht in den Mund gebracht

werden können. Bei halben Massregeln aber darf man nicht stehen
bleiben, sondern das Verfahren muss fortgesetzt werden, bis das Kind
die schlechte Gewohnheit wieder verlernt hat und auch Tags nie
mehr an seinen Fingern lutscht.

Schwieriger ist schon das Saugen an der Unterlippe und das
Spielen mit der Zunge zu bekämpfen. Man hat dazu einen Apparat
angegeben, der aus Kopfnetz und Kinnkappe besteht, die an jeder
Seite mit elastischen Bändern zusammengehalten werden, so dass der
Mund dadurch geschlossen gehalten wird.

V. CAPITEL.

Pathologie und Therapie der Krankheiten des kindlichen Gebisses.

Die Zeit der ersten Dentition kann sehr einflussreich auf die Gesundheit eines Kindes sein. Gesunde und kräftige Kinder können beim Zahnen erkranken, während andererseits schwächliche und zarte Kinder mitunter sehr leicht und unmerklich ihre Zähne erhalten.

Im günstigsten Falle, der allerdings wohl selten ist, erscheinen die Milchzähne ohne jede Beschwerde für die Kinder und unmerklich für die Eltern in der angegebenen Zeit und Reihenfolge. Meistens aber wird das Kind vor dem Durchbruch jeder einzelnen Zahngruppe unruhig, sondert in erhöhtem Masse Speichel ab und presst die Finger gegen Mund und Zahnfleisch. Deshalb gibt man dem Kinde vielfach einen Ring von Elfenbein oder Knochen oder ein Stück Veilchenwurzel, da es beruhigt wird, wenn es auf einen harten Gegenstand beissen und sein Zahnfleisch daran reiben kann. Das Zahnfleisch ist über dem durchbrechenden Zahn gewulstet, angeschwollen, geröthet, hyperämisch und von erhöhter Temperatur, wird dann später, je näher der eigentliche Durchbruch heranrückt, blässer, bis zuletzt die Spitze des Zahns wirklich zum Vorschein kommt.

Das können wir wohl den normalen Verlauf nennen, der sich jedoch leider häufig ungünstiger gestaltet.

Dann schwillt das Zahnfleisch an, wird heiss und empfindlich, so dass jetzt sogar die leiseste Berührung Schmerzen verursacht, die Kinder sehr unruhig und reizbar sind und unter heftigem Schreien sich sträuben, an der Brust zu trinken.

In diesem Stadium pflegt sogar Fieber aufzutreten, das nun heftigen Durst zur Folge hat.

Das Kind trinkt jetzt gierig, überladet sich den Magen und muss darauf erbrechen oder verdaut schlecht und bekommt in Folge der Reizung des Darms Diarrhöe. Die Excremente sind grünlich wie gehackter Spinat und sehr übelriechend.

Es kann in Folge reflectorischer Reizung der Respirationsorgane auch ein lästiger Husten auftreten, der ebenso wie die Diarrhöe nach erfolgtem Durchbruch des Zahns wieder verschwindet.

Am unangenehmsten ist es, wenn Gehirn und Nervensystem auch noch gleichzeitig betroffen sind und das Kind von Zahnkrämpfen befallen wird.

Nicht selten leidet das Kind während des Durchbruchs der Milchzähne an Hautausschlägen, Hitzblattern, Schorfen und Flechten, die ohne besondere Bedeutung durch erhöhte Reinlichkeit, tägliches Baden und Vaseline-Einreibungen lediglich palliativ zu behandeln sind.

Obgleich natürlich die Dentition ein normaler, physiologischer Vorgang und keine Krankheit ist, so kann doch, wenn alle erwähnten Complicationen zusammentreffen, ein schwächliches Kind derartig erschöpft werden, dass es unterliegt und stirbt.

Selbstverständlich ist es die Aufgabe des Arztes, gegen diese Complicationen einzuschreiten. Er muss sein Hauptaugenmerk auf die Diät richten. Das Kind darf während des Durchbruchs einer Zahngruppe nicht abgewöhnt werden, und wenn es überhaupt keine Amme gehabt hat, so ist besonders jeder Diätwechsel zu vermeiden. Ebensowenig dürfen Kleidung, Temperatur und Luft verändert werden. Auch impfen darf man ein Kind in dieser Zeit nicht.

Wenn die kleinen Kinder unruhig sind und offenbar beim Durchbruch der Zähne an Schmerzen im Zahnfleisch leiden, so kann man diese stillen, wenn man den Kieferrand mit einer ganz schwachen Cocaïnlösung (0·1 auf 5·0) bestreicht, was man ohne Schaden mehrmals wiederholen kann.

Von fast momentan guter Wirkung, besonders bei drohender Reizung des Nervensystems, wenn das Auftreten von Krämpfen zu befürchten, ist ein Einschnitt in das entzündete und geschwollene Zahnfleisch, das mit einem scharfen Messer bis auf die Krone des durchbrechenden Zahns durchschnitten werden muss. Die Spannung hört sofort auf und in Folge der leichten Blutung tritt eine bedeutende Erleichterung ein, so dass ein eben noch hochgradig gereiztes, beständig schreiendes Kind nach der kleinen Operation sofort vergnügt spielt und lacht, wie ich das schon mehrfach beobachtet habe. Doch muss man den richtigen Zeitpunkt dazu wählen. Geschieht es zu früh, dann heilt die Schnittwunde wieder und durch das Narbengewebe ist der Durchbruch des Zahns nur noch erschwert, so dass dann das Verfahren eventuell zu wiederholen wäre.

Bei heftiger Entzündung des Zahnfleisches sind Waschungen des Mundes mit Kali chloricum von vorzüglicher Wirkung und bei starken Schmerzen, wie schon erwähnt, Pinselungen mit einer schwachen Cocaïnlösung.

Eine leichte Diarrhöe des zahnenden Kindes gilt im Allgemeinen als eine natürliche Ableitung der örtlichen Entzündung. Bei längerer Dauer jedoch muss man sie bekämpfen, um zu verhindern, dass das Kind geschwächt wird. Wird das Kind gesäugt, so muss namentlich die Diät der Mutter oder Amme geregelt werden, erhält es künstliche Nahrung, so ist zu beachten, dass die Milch nur von einer richtig gefütterten, gesunden Kuh stammt und nicht gewechselt wird, dass sie im richtigen Verhältniss verdünnt, in nicht zu reichlicher Menge, gut gekocht, frisch, nach bestimmten Pausen und aus vollkommen gereinigten Gefässen gegeben wird.

Es ist hier nicht der Ort, näher auf diese Verhältnisse einzugehen. Ich wollte nur mit wenig Worten auf ihre Bedeutung hinweisen. Besonders für den Arzt ist es wichtig, sich darüber zu orientiren, da er viel häufiger als der Zahnarzt in die Lage kommt, den Durchbruch der Milchzähne zu überwachen und die damit verbundenen constitutionellen Störungen zu behandeln.

Erst später, wenn Schmerzen in dem erkrankten Milchgebiss auftreten, wird die Hilfe des Zahnarztes in Anspruch genommen, wie dies ja in der Natur der Sache liegt.

Der wissenschaftlich gebildete Zahnarzt muss sich nun stets vergegenwärtigen, dass die Erhaltung der Milchzähne sowohl für die gesunde Entwickelung als auch für die normale Stellung der bleibenden von der grössten Bedeutung ist. Deshalb sollte er im Stande sein, die Schmerzen zu beseitigen, ohne dem geängsteten Kinde gleich den Zahn zu extrahiren und ihm dadurch für das ganze spätere Leben die unüberwindlichste Furcht vor dem Zahnarzt und seinen Instrumenten einzuflössen.

Dabei ist es, wie Quinby *) ganz richtig sagt, vor allen Dingen unsere Pflicht, Diejenigen, welchen die Pflege der Kinder obliegt, also die Eltern, darüber zu belehren, dass die Milchzähne vom ersten Augenblick ihres Durchbruchs an regelmässig gereinigt werden. Die Mutter oder Wärterin muss täglich dem Kinde die Zähne bürsten, bis es im Stande ist, dies selbst zu thun. Es wird sich aber um so leichter an eine gründliche und regelmässige Pflege des Mundes gewöhnen, je eher damit begonnen wird und wird bald als Bedürfniss empfinden, was in der ersten Zeit ihm unangenehm war.

---

*) Ein Theil der folgenden Darstellung dieses Capitels ist Quinby's zahnärztlicher Praxis entnommen, in deutscher Bearbeitung von Professor Dr. Hollaender in Halle a. S. Verlag von Arthur Felix in Leipzig.

Die sorgfältige Pflege der Zähne und des Mundes ist für die Gesundheit und das ganze körperliche Wohlbefinden geradeso wichtig wie das tägliche Bad und ein oft wiederholtes Waschen des Gesichts und der Hände. Durch das tägliche Bürsten der Zähne Morgens und besonders Abends verhütet oder verzögert man wenigstens das Auftreten der Caries und den vorzeitigen Verfall der Zähne.

Gleichzeitig muss der kindliche Mund öfter von den Eltern oder dem Hausarzt genau besichtigt werden, ob sich auch schon Spuren der Caries an den Zähnen zeigen. Ist letzteres der Fall, so muss das Kind sofort zum Zahnarzt gebracht werden, damit dieser die cariösen Milchzähne füllt, ehe noch Schmerzen aufgetreten sind.

Es ist eine ganz irrige Ansicht sowohl der Laien wie Aerzte, dass Milchzähne, weil sie ja doch später ausfallen, nicht gefüllt zu werden brauchten, dass sie, wenn sie Schmerzen machen, einfach gezogen werden könnten, da sie ja doch wiederkommen.

Die Milchzähne müssen, sobald sie cariös sind, gefüllt werden, damit sie eben erhalten bleiben, bis die neuen kommen. Das ist ein Postulat, welches sich jedem denkenden Arzt unabweislich aufdrängen muss, ja das uns schon der gesunde Menschenverstand sagt. Denn nur durch die rechtzeitige Füllung erhalten wir dem Kinde die Zähne bis zum Wechsel und beugen den Schmerzen vor, die sonst unvermeidlich eintreten würden. Das Kind kann dann immer gut beissen, kaut seine Nahrung ordentlich, verdaut sie in Folge dessen viel besser und kann sich körperlich und geistig ganz anders entwickeln als ein Kind, welches wegen beständiger Zahnschmerzen Nachts nicht schlafen und Tags nicht essen kann.

Gold ist selbstverständlich kein Füllungsmaterial für Milchzähne. Kleinere cariöse Höhlen werden am besten mit Amalgam, grössere mit Guttapercha (Hill's Stopping) gefüllt. Das lässt sich in so zarter Weise machen, dass es Kindern, welche ahnungslos zum Zahnarzt kommen, denen der Zahnarzt mit seinen Instrumenten von den Eltern vorher nicht als etwas Schreckliches geschildert worden ist, beinahe Vergnügen macht. Wenigstens habe ich vielen Kindern die Milchzähne gefüllt, und sie sind immer gern wieder gekommen, um sich einen Zahn „mit der Nähmaschine mit Silber „plombiren" zu lassen".

Complicirter wird die Behandlung nun schon, wenn das Milchgebiss, wie es leider noch meistens der Fall ist, vernachlässigt worden und das Kind erst mit heftigen Schmerzen zu uns gebracht wird. Warum dürfen wir dann den schmerzenden Milchzahn nicht extrahiren und das Kind so mit einem Schlage von seinen Schmerzen befreien? Warum müssen wir andere Mittel anwenden, um die Schmerzen zu bekämpfen und zu beseitigen?

Weil wir durch eine vorzeitige Extraction der Milchzähne den Kiefer in seinem Wachsthum stören und eine normale Stellung der bleibenden Zähne verhindern.

Extrahiren wir z. B. den zweiten Milchbackzahn, ehe der erste bleibende Molar sich entwickelt hat, so rückt letzterer an die Stelle des ersteren und für den zweiten Bikuspidaten ist später kein Raum, weil der Kiefer zu klein geworden ist.

Andererseits kann man durch die Extraction des Milchbackzahns die zwischen seinen Wurzeln gelegene Krone des Bikuspidaten von ihrer normalen Richtung ablenken und dadurch eine Stellungsanomalie verschulden, oder man kann in noch früherer Zeit sogar den ganzen Zahnkeim mit entfernen.

Auch verzögern wir den Durchbruch des bleibenden Zahns durch die bedeutende Narbencontraction des Zahnfleisches und die Resorption der Alveole, welche der Extraction des Milchzahns in gleicher Weise wie der eines bleibenden nachfolgen.

Schliesslich kommt dann noch ein in seiner Bedeutung nicht zu unterschätzender Factor hinzu.

Wenn einem zarten Kinde, das schon durch heftige Zahnschmerzen Tag und Nacht gequält und heruntergebracht ist, bei seinem ersten Besuch beim Zahnarzt der schmerzende Zahn extrahirt wird, so bekommt das arme Ding eine entsetzliche Angst und ist später nur äusserst schwer dahin zu bringen, dass es sich andere erkrankte Zähne durch rechtzeitiges Füllen erhalten lässt.

Gerade bei Kindern muss der Arzt sehr vorsichtig sein, und sein Hauptbestreben wird darauf gerichtet sein, sich ihr Vertrauen zu erwerben. Er darf ihnen nicht unnöthig Angst machen und sie beim ersten Besuch nicht gleich so einschüchtern und abschrecken, dass nur die heftigsten und lang andauernden Schmerzen im Stande sind, das geängstigte Kind wieder zum Zahnarzt zu bringen.

Es gibt natürlich Fälle, wo es gar kein anderes Hilfsmittel als die Extraction des Milchzahns gibt, aber sie sind selten. Meistens lassen sich die Schmerzen auf andere Weise beseitigen.

Der Zahnschmerz an sich ist ja keine Krankheit, sondern ein Symptom, das durch die mannigfachsten Ursachen entstehen kann. Bei den Milchzähnen jedoch haben die Schmerzen allein ihren Grund in einer Entzündung der Pulpa oder der Wurzelhaut.

Vor allen Dingen also gilt es, Ursache und Sitz des Schmerzes zu finden.

Bei Pulpitis wird der Schmerz oft gar nicht in dem betreffenden Zahn gefühlt, sondern, wenn es ein oberer ist, vorzugsweise in dem zweiten Trigeminusast, der den Oberkiefer versorgt, und ist es ein unterer Zahn in dem dritten Trigeminusast.

Sind mehrere cariöse Zähne auf der schmerzhaften Seite, so ist es unter Umständen recht schwierig, den schuldigen zu ermitteln. Man kann sich da nicht allzusehr auf die Aussagen des Kindes verlassen, da dieses gewöhnlich in seiner Unsicherheit und Angst auf einen falschen Zahn hindeutet. Man muss sich stets nur auf sein eigenes Urtheil stützen.

Entsteht der Schmerz durch eine Entzündung des Periostes, so ist die Diagnose sehr leicht. Dann ist der Zahn selbst, besonders im ersten Stadium der Entzündung sehr empfindlich, und der Schmerz wird stetig heftiger, bis sich ein Abscess entwickelt hat, der dann die Diagnose vollständig sicher stellt.

Kommen wir jetzt zur Behandlung der schmerzenden Milch-zähne, so ist dieselbe eine verschiedene, ob Pulpitis, ob Periostitis vorliegt.

Bei Pulpitis müssen wir wieder unterscheiden, ob die Entzündung nur partiell und im Anfangsstadium steht, da wir dann das Organ noch erhalten können.

Vorsichtig entfernt man die erweichten Zahnbeinmassen aus der Höhle und macht zunächst eine Carboleinlage mit Cocaïnkrystallen. Meistens werden die Schmerzen dadurch momentan beseitigt. Dann lege ich etwas Jodoformpasta (Jodoformpulver mit Glycerin zu einer weichen Pasta verrieben) über die Pulpa und schliesse die Höhle mit Baumwolle, in Collodium getränkt.

Gewöhnlich verschwinden die Schmerzen vollkommen, so dass ich am Tage darauf den Zahn mit Hill's Stopping füllen kann. In der Regel aber überkappe ich die Pulpa mit Guttapercha und fülle mit Kupferamalgam. Selbstverständlich bleibt das Jodoform über der Pulpa liegen.

Ist aber die Pulpa total entzündet und lässt sie sich nicht mehr erhalten, so ist auch an eine Füllung des Zahns nicht mehr zu denken.

Die Pulpa wird dann unter Anwendung von Cocaïn vorsichtig blossgelegt, bis sie aus den strotzenden Gefässen zu bluten beginnt. Dies lässt sich mit der nöthigen Vorsicht und scharfen Instrumenten ohne Schmerzen machen. Die Pulpa wird nun durch wiederholte Carboleinlagen vernichtet. Die Anwendung von Arsenik halte ich bei Milchzähnen nicht für gerechtfertigt, da wir mit concentrirter Carbolsäure vollkommen zum Ziel gelangen.

Wenn nun die Pulpa kauterisirt ist, so entfernt man an einem der nächsten Tage den Verband, legt die Pulpahöhle ganz offen und schleift mit einem Schmirgelrad an der Bohrmaschine alle scharfen

Zahnränder ab, so dass die Zahnkrone ganz flach ist und Speisereste sich dort nicht ablagern können. Wenn die Höhlung sich an einer Distalfläche befindet, so kann man natürlich nicht die ganze Krone abschleifen, sondern reinigt nur die Höhle und füllt sie mit einem losen Carbolwattepfropfen aus, der täglich von den Eltern zu erneuern ist.

Durch erhöhte Sorgfalt beim Bürsten lassen solche Zähne sich dann vollkommen sauber halten. Sie erkranken nicht an Periostitis, weil die bei Zersetzung der Pulpa sich entwickelnden Gase ja frei in die Mundhöhle austreten können und nicht, wie bei geschlossener Pulpahöhle, durch den Wurzelcanal zum Periost gelangen. Auch bleiben die Zähne dann gebrauchsfähig, bis sie durch ihre Nachfolger abgelöst werden, oder ihre Krone bröckelt allmählich schmerzlos ab.

Die Behandlung ist hier insofern verschieden von der bleibender Zähne, als wir beim Milchzahn nicht die Pulpa herausnehmen und die Wurzeln antiseptisch füllen dürfen, weil in den meisten Fällen ein Alveolarabscess die Folge sein würde. Wir würden dann nachträglich gezwungen sein, den Zahn doch zu extrahiren, und unser Zweck wäre vollständig vereitelt.

Gehen wir jetzt über zur Behandlung der Periostitis an Milchzähnen.

Die Pulpa ist hier in Folge einer acuten Entzündung schon zugrunde gegangen. Weil jedoch die in Folge der Pulpitis aufgetretenen Schmerzen nicht im Zahn selbst, sondern in der Schläfe, im Ohr u. s. w. gefühlt wurden, so haben die Eltern des Kindes gar nicht daran gedacht, dass die Ursache in den Zähnen läge und haben in Folge dessen auch keinen Zahnarzt consultirt.

Wenn die acute Pulpitis abgelaufen und die Pulpa abgestorben ist, hören die Schmerzen auf und sind schnell vergessen. Erst später wenn die Pulpa in Fäulniss übergeht, die sich bildenden Gase und der Eiter durch das die Pulpahöhle noch bedeckende Dentin nicht in den Mund entweichen können, sondern durch den Wurzelcanal in die Alveole gelangen und hier eine Entzündung der Wurzelhaut mit Abscessbildung hervorrufen, ist der kleine Patient im Stande, seine Schmerzen zu localisiren, da der kranke Zahn oft schon gegen die leiseste Berührung mit der Zunge oder beim Essen ausserordentlich empfindlich ist.

Diese bei Entzündung der Wurzelhaut bestehenden Schmerzen lassen sich beseitigen, indem man die cariöse Höhlung mit lauwarmem Wasser gut ausspritzt, dann das erweichte Zahnbein mit scharfen Excavatoren vollkommen herausschneidet, die Pulpahöhle frei legt und weit öffnet, damit Gase und Eiter abfliessen können. Die Pulpareste˙ entfernt man dann aus den Wurzelcanälen mit feinen Nervnadeln und spritzt dieselben noch wiederholt gut aus. Dann trockne ich die Pulpahöhle und die Canäle aus und desinficire sie mit einem Tropfen Sublimatspiritus.

Die heftigen Schmerzen hören in der Regel sofort auf. Die nachbleibende geringe Empfindlichkeit verschwindet in wenigen Tagen. Wenn dann der Zahn nicht mehr gegen Druck empfindlich ist, wird die Krone wieder so geschliffen, dass Speisereste sich nicht darin ablagern können und sie leicht rein gehalten werden kann, oder die Höhle wird stets ganz lose mit carbolisirter Baumwolle ausgestopft, die, wie schon erwähnt, täglich erneuert werden muss. Die Eltern sind noch darauf aufmerksam zu machen, dass die Zähne mit erhöhter Sorgfalt gebürstet werden müssen, damit die Schmerzen nicht wieder kommen.

Wie verhalten sich nun die Wurzeln dieser abgestorbenen Zähne zu dem nachrückenden bleibenden Zahn?

Sie sind nekrotisch, werden aber nicht resorbirt, sondern von der Krone des nachrückenden bleibenden Zahns beiseite geschoben. Sie bilden für den Durchbruch kein Hinderniss und können dann später ganz leicht entfernt werden.

Soeben also haben wir gesehen, dass die Milchzähne nicht vorzeitig extrahirt werden dürfen, dass sie erhalten bleiben müssen, um das Wachsthum der Kiefer zu befördern, damit die nachfolgenden bleibenden Zähne hinreichend Raum gewinnen.

Auch ist es für die geistige und körperliche Entwickelung eines Kindes ungeheuer wichtig, dass ihm seine Zähne erhalten bleiben. Wenn die Milchbackzähne fehlen, kann das Kind nicht ordentlich kauen. Es verdaut in Folge dessen seine Speisen auch nicht gut und ist in seiner körperlichen Entwickelung geschädigt. Die vorderen Milchzähne andererseits sind unbedingt nöthig, damit das Kind eine reine und deutliche Sprache erlernt. Gehen dieselben vorzeitig zugrunde, so ist die geistige Entwickelung entschieden beeinträchtigt.

Demnach können wir den Satz aufstellen, dass Milchzähne im Allgemeinen nur zu extrahiren sind, wenn für den durchbrechenden Ersatzzahn Raum zu schaffen ist; wenn aber eine starke Eiterung vorhanden oder der Kiefer selbst an der Entzündung betheiligt ist, so müssen wir selbstverständlich immer den Zahn sofort opfern.

Wir wollen jetzt im Anschluss hieran den Zahnwechsel betrachten und sehen, wie es sich in dieser Beziehung mit den bleibenden Zähnen verhält.

Wir wissen, dass im sechsten Jahr vor dem Beginn des Wechsels die ersten bleibenden Zähne, die ersten Molaren erscheinen, die sehr häufig früh erkranken und wieder verloren gehen, weil die Eltern dieselben auch für Milchzähne halten und meinen, sie würden später wieder ersetzt.

Auch diese müssen, wenn sie kleine cariöse Höhlen haben, frühzeitig gefüllt werden, damit sie erhalten bleiben und den Kiefer in seinem Wachsthum unterstützen. Da sie aber in der Regel sehr schnell zugrunde gehen, so muss der kindliche Mund drei- bis viermal im Jahr, etwa in jeden Schulferien, vom Zahnarzt untersucht werden, damit immer durch rechtzeitige Füllungen das Fortschreiten der Caries gehemmt werden kann, ehe die Pulpa betroffen wird.

Wenn sie jedoch schon Schmerzen gemacht haben, wenn sie an Pulpitis erkrankt sind, dann müssen sie unbedingt extrahirt werden.

Ja, es kommt sogar ein Abschnitt des Zahnwechsels, wo wir die ersten Molaren, selbst wenn sie noch relativ gesund sind, aus jedem Kiefer entfernen müssen, um einen normalen Zahnbogen und eine brauchbare Zahnreihe zu gewinnen.

Wenn das Kind etwa 12 Jahre alt geworden ist, so muss der Zahnarzt genau erwägen, ob alle Zähne, die sich jetzt im Munde befinden, auch für die Zukunft zu erhalten sind. Vor allen Dingen muss er sorgfältig untersuchen, ob die Zähne nicht sehr gedrängt oder gar unregelmässig stehen und an den Berührungsflächen schon Spuren von Caries zeigen.

Ist kein hinreichender Platz im Kiefer vorhanden, sondern stehen die Zähne so eng, dass, wie wir nach unserer Erfahrung wissen, die Caries an den Berührungsflächen unbedingt auftreten muss und rasche Fortschritte machen wird, so dürfen wir keinen Augenblick zögern, die vier ersten Molaren zu entfernen.

Dieselben zeigen in der Regel schon Zeichen der Caries oder tragen Füllungen aus früheren Jahren und sind auf die Dauer doch nicht zu erhalten.

Durch ihre Extraction in diesem Alter aber gewinnen wir Platz für die ganzen Zahnreihen. Die entstandene Lücke verschwindet sehr bald, indem die Bikuspidaten, Eckzähne und Schneidezähne von der Mittellinie aus sich nach hinten verschieben und der im Durchbruch begriffene zweite Molar nach vorn rückt. Der Weisheitszahn bekommt Raum, sich prächtig zu entwickeln, und wir erhalten eine schöne geschlossene, aber nicht gedrängte Zahnreihe.

Nebenstehende Abbildung zeigt uns das Modell von dem Oberkiefer eines 17½jährigen jungen Mannes, dem ich vor 1½ Jahren, also in seinem 16. Lebensjahr, den cariösen ersten Molar rechts oben, der an Pulpitis erkrankt war, extrahirte. Wir sehen, dass die Lücke ganz verschwunden ist. Der zweite Molar ist vorgerückt und die Bikuspidaten haben sich nach hinten verschoben, so dass zwischen Eckzahn und den Bikuspidaten unter sich je ein kleiner Zwischen-

raum entstanden ist und hier so leicht keine Caries auftreten wird.
Auf der linken Seite dagegen ist die Zahnreihe vollständig geblieben,
aber die Zähne stehen sehr gedrängt und sind in Folge dessen an
den Distalflächen zu Caries geneigt. Die Zahnreihe ist sogar so eng,
dass die mittleren Schneidezähne sich etwas übereinander geschoben
haben. Wenn also hier im 12. Jahr die ersten Molaren sämmtlich
extrahirt worden wären, so hätten wir auf beiden Seiten eine so
vorzügliche Zahnstellung erlangt, wie wir sie trotz der späten Extraction auf der rechten Seite doch noch erzielt haben. Ausserdem
ist für den rechten Weisheitszahn hinreichend Raum geschaffen, so
dass dieser sich jedenfalls später viel vollkommener entwickeln wird
als der linke.

Fig. 47.

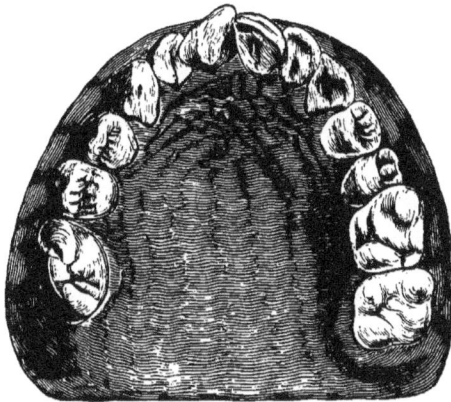

Deutlicher lässt sich nicht leicht demonstriren, welche Vortheile
die Extraction der ersten bleibenden Zähne mit sich bringt.

Aber es müssen dann alle vier ersten Molaren entfernt werden
oder doch wenigstens immer die beiden Antagonisten. Es darf in dem
Falle nicht ein Zahn allein extrahirt werden, sondern stets der
Antagonist dazu, damit sich der Biss, die Articulation reguliren kann.

Deshalb sagt Quinby auch: Wenn wir z. B. entweder in Folge
von Caries oder wegen mangelhafter Entwickelung, oder falscher
Stellung, oder um Platz zu gewinnen die Extraction des ersten
Molaren in einer oberen Kieferhälfte für indicirt halten, so muss der
Zahn des Unterkiefers, der mit diesem articulirt, ebenfalls mit heraus-
gezogen werden. Geschieht dies nicht, so verlängert sich der Zahn,
der seinen Antagonisten verloren hat. Er ragt dann wie ein Keil in
den leeren Raum, der ihm gegenüber steht, hinein und verhindert die
gewünschte Ausgleichung an den Zähnen der anderen Kieferhälfte
(s. Fig. 48).

Ist keine ganz bestimmte Contraindication vorhanden, so ist in diesem Falle die Extraction der Molarzähne vorzuziehen, weil man dann gleichzeitig den zweiten Bikuspis und den zweiten Molaren vor Caries an der betreffenden Berührungsfläche schützt. Ausserdem stört man dadurch in keiner Weise die Symmetrie der Vorderzähne, sondern gewährt ihnen im Gegentheil Raum, etwa vorhandene Unregelmässigkeiten in der Stellung auszugleichen.

Fig. 48.

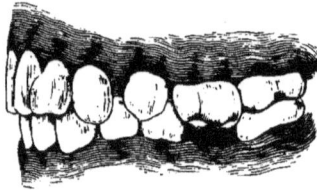

Die Abbildung zeigt, wie ein Zahn, dem der Antagonist fehlt, sich verlängert und die Ausgleichung der Lücke verhindert, die durch die Extraction des opponirenden Zahns entstanden ist.

Vor Allem aber gewinnt der Weisheitszahn mehr Platz zum Durchtreten, so dass er früher durchbricht als sonst und nebenbei vollständig brauchbar wird.

Bei Mangel an Raum ist der Weisheitszahn kleiner als die anderen Zähne, sehr oft missgestaltet, ja zuweilen nur rudimentär. Auch bricht er oft mit grossen Schmerzen und nur sehr langsam durch. Eine Spitze kann aus dem Zahnfleisch hervorragen, während dasselbe um den übrigen Theil der Krone eine offene Tasche bildet.

In dieser offenen Tasche nun sammeln sich Speisereste an, die hier sich zersetzen und ihren zerstörenden Einfluss auf den Zahn ausüben. Wenn es also noch ziemlich lange dauert, bis der Zahn vollständig durchbricht, so ist die Krone oft schon beim Durchbruch vollkommen cariös. Auch dies vermeiden wir durch die rechtzeitige Extraction der ersten Molaren.

Schliesslich hat der erste Mahlzahn in Bezug auf seine Widerstandsfähigkeit gegen Caries viel weniger Chancen als alle anderen Zähne.

Die Bikuspidaten werden nach Entfernung des ersten Molaren sich sehr schnell distalwärts neigen und auf diese Weise den Raum für die Eckzähne und Schneidezähne schaffen, der für deren spätere Erhaltung so ausserordentlich wichtig ist.

Die zweiten Molaren werden durch die Weisheitszähne nach vorn gedrängt, so dass sie allmählich den durch die Extraction des ersten Molaren freigewordenen Raum schliessen und die Zähne jetzt in einer schönen, gleichmässigen und geschlossenen Reihe stehen.

VI. CAPITEL.

Caries.

Pathologie.

Die Caries der Zähne ist die Krankheit, deren Bekämpfung und Entfernung wir unsere Zeit und Arbeit hauptsächlich widmen, die sich über den ganzen Erdkreis verbreitet, in jeder Zeitepoche namentlich die civilisirte Menschheit ergriffen hat und an Umfang stetig zunimmt.

Früher unterschied man eine äussere und eine innere Caries, heute aber wissen wir, dass es nur eine äussere Caries gibt, d. h. dass dieselbe, immer von der Oberfläche des Zahns ausgehend, in die Tiefe dringt und niemals im Innern des Zahns ihren Ursprung finden kann.

Dafür theilen wir jetzt nach ihrem Verlauf die Caries in eine acute und chronische Form. Erstere macht sehr schnelle Fortschritte und zerstört den Zahn bis zur Pulpa oft in überraschend kurzer Zeit, während letztere oberflächlich bleibt und in Folge dessen auch keine Schmerzen verursacht.

Die acute Form der Caries, die weiche Caries (Caries humida), ist durch eine umfangreiche Erweichung der Zahngewebe charakterisirt. Sie tritt am häufigsten in den bläulichweissen und gefleckten Zähnen auf, die, wie wir wissen, weniger dicht und fest sind und ist umsoweniger pigmentirt, je schnellere Fortschritte sie macht.

Die chronische Form der Caries, die trockene Caries (Caries sicca), zeigt eine um so dunklere Färbung, je langsamer der Process verläuft, und findet sich meistens an den gelben Zähnen. Gewöhnlich werden dann die ersten oberen und unteren Molaren davon betroffen.

Ihre Krone wird ganz glatt, concav und tiefbraun oder schwarz und kann ungestört jahrelang functioniren. Diese exquisit chronische Caries nennt Wedl auch Nekrose des Zahnbeins.

In jugendlichen Zähnen verläuft die Caries schnell, im Alter langsam. Das hat aber nicht etwa darin seinen Grund, dass die Zähne im Alter kräftiger würden, sondern weil die Zähne schlechterer Structur schon frühzeitig von der Caries befallen werden und rasch zugrunde gehen, während die widerstandsfähigen Zähne erst viel später cariös werden und in ihnen, eben weil sie widerstandsfähiger sind, die Caries auch langsamer fortschreitet.

Beim weiblichen Geschlecht sind die Zähne im Allgemeinen weniger dauerhaft als beim männlichen, und die Zähne der Frau leiden besonders unter der Schwangerschaft, weil ihnen Kalksalze zur Bildung des Fötus entzogen werden.

An jeder Zahnkrone muss zunächst immer der Schmelz von der Caries ergriffen werden, und zwar nach Zerstörung des Schmelzoberhäutchens, das bekanntlich sehr widerstandsfähig gegen Säuren ist, das sich jedoch, wie bekannt, von jedem Zahn durch Einwirkung von Säuren abheben lässt. Denselben Vorgang finden wir im Munde des Menschen wieder. Das Schmelzoberhäutchen wird an der betreffenden Stelle abgehoben und geht zugrunde.

Im Schmelz zeigt sich die Caries dann zuerst als ein heller, mitunter ganz weisser Fleck von kreidiger Consistenz, der bei chronischem Verlauf allmählich dunkler wird, erst gelb, dann braun und schliesslich ganz schwarz. Solche Pigmentflecken im Schmelz können oft jahrelang bestehen, ehe die Caries in die Tiefe dringt und eine eigentliche Höhle sich bildet. Der Härtegrad des pigmentirten Schmelzes ist allerdings gleich von Anfang an verringert.

Ist erst der Schmelz bis zum Zahnbein zerstört, dann macht die Caries in diesem weicheren Gewebe viel schnellere Fortschritte. Der Schmelz wird unterminirt und bricht bei grösserem Umfang der Höhle in ganzen Stücken ab, so dass dann besonders an den Distalflächen der Zähne urplötzlich eines Tages ein grosses Loch im Zahn bemerkt wird.

Im Zahnbein unterscheidet Baume dann vier Stadien der Caries.

Ehe der Schmelz noch ganz zerstört ist, treten schon die ersten Erscheinungen der Caries im Zahnbein auf. Denn durch den in Folge des cariösen Processes stark porös gewordenen Schmelz wirken dieselben schädlichen Einflüsse, welche den Schmelz vernichten, jetzt auch auf das Zahnbein, das an dieser Stelle durchsichtiger wird als im normalen Zustand, so dass wir die Transparenz als erstes Stadium der Caries finden. Diese vermehrte Transparenz entsteht durch Obliteration der Zahnbeincanälchen in Folge von Aufquellung der Grundsubstanz.

Im zweiten Stadium verliert das Zahnbein seine Transparenz wieder, es trübt sich in Folge der ersten Einwirkung von Säuren, zeigt aber bis jetzt noch keine Mikrokokken.

Als drittes Stadium finden wir eine Pigmentirung des Zahnbeins, welches durch den Verlust an Kalksalzen poröser geworden und jetzt schon von Pilzen durchsetzt ist. Es lässt sich in diesem Zustand mit scharfen Instrumenten leicht schneiden.

Das vierte Stadium besteht in einer Fäulniss des fast vollkommen entkalkten Zahnbeinknorpels. Das Zahnbein ist von Pilzen in grösserer Menge durchsetzt, wird weich und zerfällt.

Wie die Zahnbeincanälchen von der Schmelzgrenze bis zur Pulpa radiär verlaufen, so schreitet auch die Caries von der Peripherie des Zahns nach der Mitte fort in Gestalt eines Kegels, wie wir es nach Baume schematisch in nebenstehender Figur darstellen wollen.

Fig. 49.

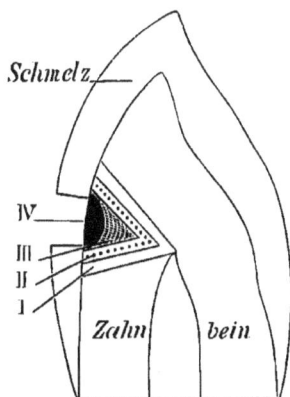

Schema der Fortschritte der Caries im Zahnbein.
I. Stadium: Transparenz; II. Stadium: Trübung; III. Stadium: Pigmentirung; IV. Stadium: Zerfall.

Die Basis des Kegels liegt an der Peripherie, seine Spitze nach der Pulpa zu.

Localisation.

Die Caries tritt gewöhnlich zuerst an den Berührungsflächen der Zähne auf, zumal wenn dieselben eng stehen, ferner am Zahnhals bei mangelhafter Pflege oder schliesslich bei Mahlzähnen an der Kronenfläche in den zwischen den einzelnen Höckern befindlichen

Vertiefungen, Rillen und Fissuren, allgemein gesprochen an den Stellen, wo Speisereste zurückgehalten werden und in Fäulniss übergehen.

In Bezug auf das Verhalten der einzelnen Zahnsorten der Caries gegenüber sind verschiedene statistische Tabellen aufgestellt worden, welche die Häufigkeitsscala ziemlich übereinstimmend angeben. Deshalb führe ich hier nur die Tabelle von Linderer an:

pro mille

1. Die ersten Molaren .	unten 180	6
	oben 174	6
2. Die zweiten Molaren	unten 121	7
	oben 111	7
3. Die zweiten Bikuspidaten .	oben 66	5
	unten 60	5
4. Die ersten Bikuspidaten .	oben 53	4
	unten 49	4
5. Die Weisheitszähne .	oben 47	8
	unten 45	8
6. Die seitlichen Schneidezähe oben	32	2
7. Die mittleren Schneidezähne oben	26	1
8. Die Eckzähne oben .	18	3
9. Die mittleren Schneidezähne unten .	9	2
10. Die seitlichen Schneidezähne unten .	6	1
11. Die Eckzähne unten	3	3

Summe . 1000.

Nur die Molaren werden im Unterkiefer häufiger cariös als im Oberkiefer, während alle anderen Zahnsorten oben früher als unten von der Caries befallen werden. Das mag darin seinen Grund finden, dass in den Fissuren auf den Kauflächen der unteren Mahlzähne Fäulnissproducte sich leichter anhäufen können als bei den oberen, während die vorderen Zähne des Unterkiefers stets in höherem Grade von Speichel umspült werden als die des Oberkiefers.

Aetiologie.

Wir haben schon früher die Zähne nach ihrer Güte, Dichtigkeit und Farbe in Gruppen eingetheilt und gesehen, dass die gelben Zähne am dauerhaftesten sind, während die anderen mehr weniger früh von der Caries zerstört werden.

Die weniger dichten und festen Zähne stehen in dem minder kräftig entwickelten Kiefer auch noch gewöhnlich sehr eng und verfallen auch aus diesem Grunde um so schneller, da bei der gedrängten Stellung der Ansammlung gährungsfähiger Substanzen an den Approximalflächen und in Folge dessen dem frühzeitigen Auftreten der Caries Vorschub geleistet wird.

Andererseits können kräftige Zähne sehr eng stehen und doch gesund bleiben, so dass es für die Erhaltung der Zähne hauptsächlich auf ihre Consistenz ankommt.

In der mangelhaften Structur des Zahns und der daraus resultirenden verminderten Resistenz gegen chemische Einflüsse liegt eine Prädisposition für das Auftreten der Caries. Diese Prädisposition kann erblich sein.

Doch auch die Stellung ist von grosser Wichtigkeit, da weiche Zähne, wenn sie nur isolirt stehen, sehr lange gesund bleiben können. Ich mache deshalb hier nochmals auf die am Schluss des vorigen Capitels hervorgehobene Bedeutung der rechtzeitigen Extraction der ersten Molaren für die Vermeidung der Caries aufmerksam.

Die Caries ist ein Fäulnissprocess, ein rein chemischer Vorgang. In Folge der Entziehung der Kalksalze durch Säuren werden die Zahnsubstanzen erweicht und gehen dann in Fäulniss über.

Woher aber kommen diese Säuren?

Der Speichel der meisten Menschen reagirt sauer, und deshalb hat man früher geglaubt, dass diese Säure allein an dem Zerfall der Zähne schuld sei.

Wie wir jedoch aus der Physiologie wissen, ist der Speichel an sich alkalisch. Er wird erst im Munde sauer.

Der saure Speichel aber kann keine Caries verursachen, denn wie sollte diese Säure, welche nicht einmal im Stande ist, den in jedem Munde vom Speichel ausgeschiedenen Zahnstein aufzulösen, die härteste Substanz des menschlichen Körpers, den Schmelz angreifen können?

Auch sehen wir alltäglich in der Praxis, dass isolirt stehende Zähne, die von allen Seiten vom Speichel benetzt werden, gesund bleiben, und dass die unteren Schneidezähne, die beständig von dem Speichel der Sublingualdrüsen umspült sind, eigentlich nie oder wenigstens von allen Zähnen zuletzt cariös werden.

Deshalb müssen wir sogar annehmen, dass der Speichel die Zähne nicht nur nicht zerstört, sondern sogar zu ihrer Conservirung beiträgt.

Die Säuren entstehen vielmehr aus der Gährung von Speiseresten. Wenn die Speisereste in den Zwischenräumen der

Zähne längere Zeit sitzen bleiben, so zersetzen sie sich bei der Wärme und Feuchtigkeit der Mundhöhle und werden sauer. Sie greifen dann die Zähne theils selbst an, theils erleichtern sie die Wucherung der den Zähnen so schädlichen Pilze, die stets auch im gesunden Munde vorhanden sind.

An den Zahnhälsen und in den Zwischenräumen der Zähne, wenn dieselben nicht sorgfältig und häufig genug gebürstet werden, sammelt sich ein schmieriger Belag, welcher aus Speiseresten, Schleim, abgestorbenen Epithelzellen und Mikroorganismen, hauptsächlich Leptothrix buccalis besteht. Dieser Belag ist die directe Entstehungsursache der Caries.

Die Pilze haben die Fähigkeit, Kohlehydrate und Zucker in Milchsäuregährung zu versetzen. Hierdurch, sowie durch die in Folge der Gährung von Speisetheilchen und eingedicktem Schleim entstehenden Säuren wird, wie schon erwähnt, das Schmelzoberhäutchen abgehoben, der Schmelz zerstört, der Zahn seiner Kalksalze beraubt und cariös.

Ist so der eine Zahn erkrankt, dann wird sein Nachbar an der Berührungsfläche angesteckt. Macht die Caries jedoch schnelle Fortschritte und zerstört den zuerst ergriffenen Zahn in ganz kurzer Zeit, so kann der Nachbar, wenn an ihm die Caries erst in das Stadium der Pigmentirung eingetreten ist, lange in diesem Zustand erhalten bleiben, weil er eben jetzt isolirt ist.

Daher findet man häufig solche Pigmentflecken im Munde, besonders an Zähnen, die neben einer Lücke sich befinden.

Wenn die Caries aber langsame Fortschritte macht, so kommt es in beiden Zähnen zum Defect, weil die Speisereste jetzt erst recht zurückgehalten werden.

Auch die Art der Speisen ist für die Entstehung der Caries von Bedeutung. Zucker zersetzt sich durch den Speichel des Mundes in Traubenzucker und Milchsäure, welch letztere den Zähnen ausserordentlich schädlich ist. Daher begünstigen Zucker und saure Speisen, besonders Fruchtsäuren, wie z. B. der Gebrauch einer Traubencur, entschieden das Auftreten der Caries.

Ueberhaupt ist die mit der fortschreitenden Cultur gleichen Schritt haltende Verfeinerung und Verkünstelung unserer Nahrung schuld an dem stetig mehr und mehr um sich greifenden Verfall der Zähne.

Durch die Zubereitungsart unserer Speisen werden die Zähne ihrer Aufgabe grösstentheils entbunden. Sie erkranken und verderben, weil sie nicht in dem Sinne benutzt werden, wie es die Natur vorgeschrieben hat, wie jedes Organ erkrankt, welches nicht gebraucht wird. Bei den uncivilisirten Völkerschaften und den wilden Thieren finden wir bis in das Alter hinein ein schönes und kräftiges Gebiss, von uns civilisirten Menschen aber und unseren Hausthieren liesse sich das nur in äusserst seltenen Ausnahmen behaupten.

Schwere Krankheiten von langer Dauer und die während derselben eingenommenen Arzneimittel begünstigen die Entstehung der Caries an den Zähnen.

Während der Krankheit werden die Zähne einestheils nicht gepflegt wie in gesunden Tagen, ferner ist beim Fieber der Speichel stets stark sauer, die Ernährung und in Folge dessen der Gebrauch der Zähne ist mangelhaft, bei Magenleiden gelangen stark saure Flüssigkeiten durch Aufstossen aus dem Magen in den Mund, und schliesslich werden den Zähnen schädliche Medicamente genommen. Diese Arzneien schaden erstens direct beim Einnehmen und zweitens besonders indirect, indem sie nach Circulation im Körper theilweise in den Drüsen des Mundes wieder ausgeschieden werden und im Speichel längere Zeit mit den Zähnen in Contact bleiben.

Prophylaxis.

Nachdem wir als Ursache der Caries die Zersetzung und Fäulniss der zwischen den Zähnen steckenbleibenden Speisereste erkannt haben, ergibt sich die Aufgabe des wichtigsten Theiles der Therapie, der Prophylaxis, von selbst. Nach dem allgemeinen Grundsatz: „Krankheiten verhüten ist besser als Krankheiten heilen", nenne ich eben die Prophylaxis den wichtigsten Theil der Therapie. Ihr fällt die Aufgabe zu, alle Schädlichkeiten, welche Caries hervorrufen können, zu entfernen. Dies geschieht durch eine rationelle Pflege des Mundes und der Zähne.

Von Kindheit auf müssen die Zähne täglich dreimal gebürstet werden, und zwar Morgens nach dem Aufstehen, Mittags nach dem Essen und Abends vor dem Schlafengehen. Man nimmt dazu eine Bürste von mittelstarken Borsten. Eine zu weiche Bürste reinigt die Zähne nicht genügend und eine harte verletzt des Zahnfleisch. Bürsten von verschiedener Form und aus verschiedenem Material, wie sie in grosser Zahl in den Handel gebracht werden, sind absolut zwecklos. Es soll vertical und horizontal gebürstet werden, auf und ab, von rechts nach links, aussen, innen und über die Kauflächen.

Man gebraucht dazu ein Zahnpulver, einfach Schlemmkreide mit Zusatz von etwas Pfeffermünzöl oder Kampfer, z. B.:

Rp.

Calcar. carbon. praecipitat 35·0
Camphor. trit. 5·0
MDS. Zahnpulver.

Oder: Rp.
          Calcar. carbon. praecipitat 40·0
          Ol. Menth. pip. gtt. VIII.
          MDS. Zahnpulver.

Baume verordnet folgendes Pulver, das feiner ist, sehr angenehm und empfehlenswerth:
          Rp.
          Conch. praep. 30·0
          Rad. Irid. florent. 15·0
          Rad. Calam. 5·0
          Carm. rubr. 0·5
          Ol. Menth. pip. gtt. VIII.
          M. F. pulvis subtilissim.
          DS. Zahnpulver.

Zahnpasten, besonders solche mit Seifen, halte ich nicht für so gut.

Alle scharfen Pulver, z. B. Cigarrenasche, Sepiaknochen, Bimsstein und Lindenkohle, sind absolut zu verwerfen. Ausserdem gibt die Kohle dem Zahnfleisch ein bläuliches Ansehen, indem ihre krystallinischen Stäbchen sich in dasselbe einbohren und dort jahrelang sitzen bleiben, so dass man an dem blauen Saum des Zahnfleisches erkennen kann, wer seine Zähne mit Lindenkohle bürstet.

Salicylsäure schadet den Zähnen und darf deshalb dem Zahnpulver und Mundwasser nicht zugesetzt werden.

Dem Spülwasser werden einige Tropfen einer spirituösen, erfrischenden und desinficirenden Mundtinctur zugesetzt, z. B. nach Witzel:
          Rp.
          Spirit. saponat. 15·0
          Spirit. vin. rectific. 100·0
          Aq. Menth. pip. 150·0
          Acid. phenyl. 2·5
          Ol. Bergamott. 1·5
          Ol. Caryophyll. 1 0
          Ol. Anis 1·0.
          MDS. Ein Theelöffel zu einem Glas Wasser zum Spülen oder unverdünnt zum Bürsten der Zähne und des Zahnfleisches.

Bei schlaffem Zahnfleisch verschreibt man mit einem Adstringens nach Baume:
          Rp.
          Extract. Ratanh. 10·0
          Spirit. vin. rectificatissim. 100·0

Spirit. Cochlear.
Tinct. Myrrh.
Tinct. Benzoes
Aq. Coloniens. $\overline{aa}$ 10·0
Ol. Menth. pip. gtt. X.
MDS. 20 Tropfen zu ½ Glas Wasser.

Wem diese Tincturen zu complicirt sind, verordnet einfach übermangansaures Kali in Substanz, wovon einige Krystalle im Wasser gelöst werden, so dass dasselbe eine rosarothe Farbe bekommt. Auch das sogenannte Eau de Botôt ist zum Spülen sehr beliebt.

Doch ist es grundfalsch, wenn Viele glauben, dass das oft wiederholte Spülen mit einem solchen Mundwasser zur Pflege der Zähne und des Mundes ausreichend sei.

Das Bürsten der Zähne mit einem guten weichen Zahnpulver ist und bleibt stets die Hauptsache, weil beim blossen Spülen immer ein schmieriger Belag auf den Zähnen sitzen bleibt.

Der Einwand, dass das Zahnfleisch blutet, wenn die Zähne gebürstet werden, ist keineswegs stichhaltig, denn das Zahnfleisch blutet nur, wenn die Zähne nicht ordentlich gebürstet werden. Wenn neben den Zähnen auch das Zahnfleisch durch die Bürste tüchtig frottirt wird, dann ist es straff und fest und blutet nicht.

Auch wird vielfach geglaubt, dass durch ein zu häufiges Bürsten der Schmelz abgenutzt, abgeschliffen würde. Die keilförmigen Defecte sollen der Bürste ihre Entstehung verdanken. Man bezeichnet mit diesem Namen einen Substanzverlust von keilförmiger Gestalt, der an dem Hals der vorderen Zähne oben und unten vorkommt. Er befällt meistens die gesündesten Zähne, die gelben und gelblich-weissen, entsteht nach Retraction des Zahnfleisches an dem freiliegenden Hals und hat eine ganz glatte Fläche mit scharfen Rändern. Die Politur wird durch die beständige Reibung der Lippen hervorgebracht und der Defect selbst kommt nach Baume durch Abblätterung der einzelnen Schmelz-, respective Cementschichten zu Stande.

Der Gebrauch harter Bürsten in Verbindung mit scharfen Pulvern trägt zur Entstehung der keilförmigen Defecte sicher bei, doch finden sich dieselben auch bei Personen, welche niemals eine Bürste gebraucht haben. Wer an seinen Zähnen keilförmige Defecte hat, soll kein Pulver verwenden und eine ganz weiche Bürste nur in verticaler Richtung gebrauchen.

Im Uebrigen erfordern dieselben keine Behandlung, so lange sie flach und fest bleiben und keine Empfindlichkeit zeigen. Beginnen sie jedoch bei Temperaturwechsel oder Berührung schmerzhaft zu werden, sind sie weich und tief, so müssen sie mit Gold oder Amalgam gefüllt werden.

Durch eine regelrechte Mundpflege, wie wir sie geschildert haben, sucht man nicht allein das Auftreten der Caries nach Möglichkeit zu verhüten, sondern beschränkt auch die Ansammlung von Zahnstein auf ein Minimum.

Der Zahnstein oder, wie der Laie sagt, Weinstein, ist ein Secret des Speichels, bildet sich aus den im Speichel enthaltenen Kalksalzen und besteht hauptsächlich aus kohlensaurem und phosphorsaurem Kalk. Er lagert sich auf die Zähne, und zwar besonders an den Stellen, wo die Ausführungsgänge der Speicheldrüsen münden, also an der Zungenfläche der unteren Schneidezähne und an der Labialseite der ersten und zweiten oberen Molaren. Wenn ein Gebiss jedoch nicht gebürstet wird, so zeigen die Labialflächen der Zähne einen graugrünen Belag, und der Zahnstein sammelt sich an allen Zähnen, besonders am Hals unter dem Zahnfleisch, oder wenn eine Seite des Gebisses wegen irgend welcher Schmerzen längere Zeit hindurch nicht zum Kauen benutzt wird, so bedeckt der Zahnstein schliesslich sämmtliche Zähne ganz.

Der Zahnstein kann von verschiedener Consistenz und Farbe sein. Weicher Zahnstein ist hellgelb gefärbt und wird um so dunkler, je härter er ist. Bei starken Rauchern kann er ganz schwarz werden und ist steinhart. Der weiche, schmierige Zahnstein enthält immer zersetzte Speisereste, Schleim und Mikroorganismen. Er bildet sich vorzugsweise bei stark sauer reagirendem Speichel und lagert sich viel schneller ab als der harte.

Der Zahnstein wirkt unter allen Umständen schädlich. Er entzündet das Zahnfleisch, verdrängt dasselbe oder wuchert zwischen Zahnfleisch und Zahn in die Tiefe, bringt die Alveolarränder zum Schwund, verlängert in Folge dessen die Zähne scheinbar und lockert sie.

Deshalb muss er unbedingt entfernt werden und kein Zahnarzt darf seine Patienten entlassen, ohne ihnen vorher die Zähne vom Zahnstein befreit zu haben.

Fig. 50.   Fig. 51.

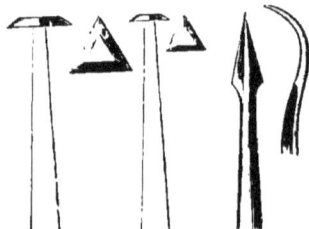

Zahnstein-Instrumente.   Zahnstein-Instrumente.

Das geschieht mit den nebenstehend abgebildeten Zahnreinigungs-
instrumenten, deren Anwendung ich hier nicht weitläufig schildern
will, da man dieselbe nur einmal gesehen haben muss, um selbst die
Instrumente kunstgerecht gebrauchen zu können.

Eine Verletzung des Zahnfleisches muss man nach Möglichkeit
zu vermeiden suchen, doch ist bei entzündetem Zahnfleisch eine
Blutung nicht zu umgehen, aber auch ohne Bedeutung.

Nachher werden die Zähne dann noch mittelst der Bohrmaschine
mit weichen Schmirgelrädchen ohne jede Anwendung von Säuren von
dem grünen Belag befreit, mit Zahnpulver und Bürsten, kleinen
Hölzern und Gumminäpfen oder Bürstchen, die sich in das Handstück
der Maschine einsetzen lassen, polirt.

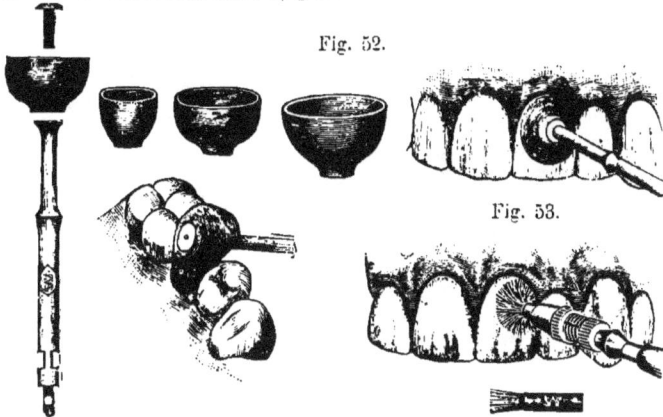

Fig. 52.

Fig. 53.

Gumminäpfe zum Poliren der Zähne.   Zahnbürstchen für die Maschine.

Therapie.

Nachdem wir so die Prophylaxis der Caries, die Reinigung und
Pflege der Zähne und des Mundes durch den Besitzer selbst und durch
den Zahnarzt besprochen haben, wollen wir nun zur Therapie übergehen. Ehe wir also die weiteren Fortschritte der Caries betrachten,
wollen wir die Behandlung der einfachen Caries, wie sie in
diesem Capitel geschildert ist, besprechen.

Einfach nennen wir die Caries, so lange die Pulpa noch gänzlich unberührt ist, so lange noch keine subjectiven Symptome, wie
Empfindlichkeit gegen Temperaturwechsel, gegen Säuren, Süssigkeiten
oder beim Kauen oder gar spontane Schmerzen auftreten.

Bei der einfachen Caries ist die Prognose für die Erhaltung
des Zahns am günstigsten. Je weniger tief der cariöse Process vorgedrungen, je geringer der Substanzverlust, je kleiner die Höhlung

ist, um so vollständiger lässt sich das erweichte Zahnbein herausschneiden, um so sorgfältiger kann man die Höhlung reinigen und um so dauerhafter lässt sie sich füllen.

Daher kommt alles darauf an, die Caries möglichst frühzeitig zu entdecken, was unter Umständen besonders an den Approximalflächen nicht immer ganz leicht ist. Wir sehen bei guter Beleuchtung mit dem Spiegel einen weissen, kreidigen Fleck, der später pigmentirt wird.

Fig. 54.

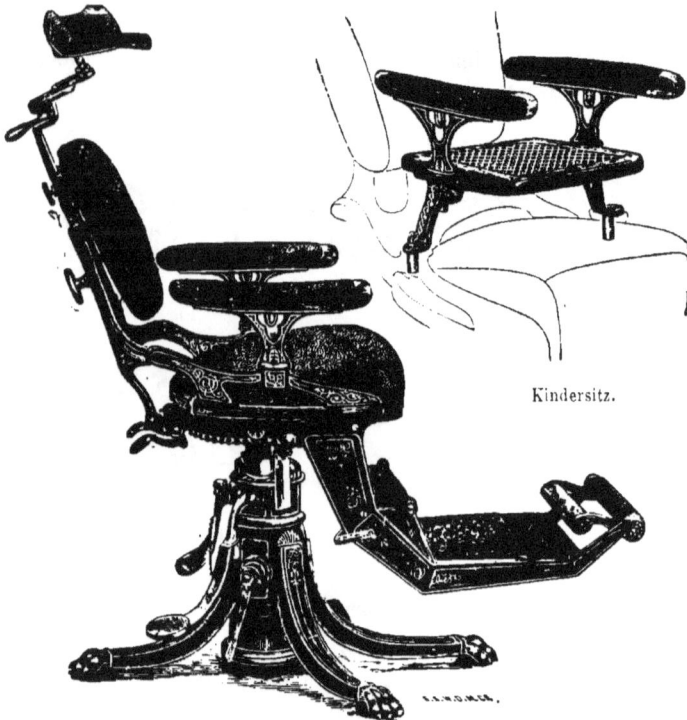

Kindersitz.

Zahnärztlicher Operationsstuhl.

Wenn man nicht sehr genau mit Spiegel und kleinem Excavator untersucht, dann wird die Caries besonders an den Berührungsflächen der Zähne in ihren Anfangsstadien oft gänzlich übersehen.

Wenn also im Beginn der Caries nur der Schmelz pigmentirt ist und es geschieht nichts dagegen, so entsteht bald ein anfangs geringfügiger Defect, der sich bis in das Zahnbein erstreckt. Wird auch dieser noch nicht beachtet, so schreitet die Zersetzung und Zerstörung der Zahnbeinsubstanz ungehindert fort, bis schliesslich ein Stück des Schmelzes abbricht, wodurch plötzlich ein ziemliches Loch entsteht und der Zahn oft empfindlich wird.

So weit aber darf ein gewissenhafter Zahnarzt die Caries gar nicht kommen lassen, sondern er muss sie schon in ihrem Anfangsstadium an der Verfärbung des Zahns erkennen und dagegen einschreiten.

Fig. 56.

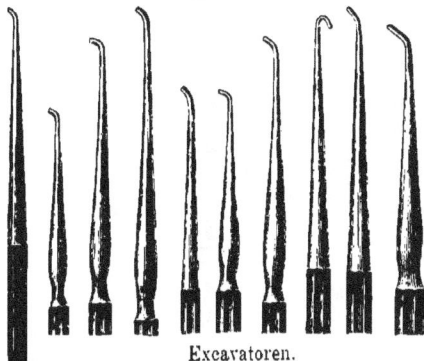

Excavatoren.

Fig. 55.

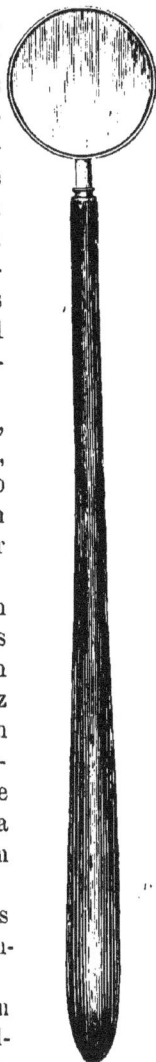

Zahnspiegel.

Wir wissen nun, dass diese Pigmentflecke, wenn die Zähne nur rechtzeitig isolirt werden, jahrelang sich unverändert halten können. Deshalb gilt es, den mit beginnender Caries behafteten Zahn zu isoliren, und das geschieht mittelst der Feile.

Man feilt bei sehr eng stehenden Zähnen an den Distalflächen von jedem Zahn einen Theil des Schmelzes fort, um Zwischenräume zu schaffen und polirt dann die gefeilten Flächen wieder ganz glatt mittelst der Bohrmaschine mit ganz feinen Schmirgelrädchen und schliesslich mit dem Polirstahl, damit eben in den Zwischenräumen keine Speisereste haften bleiben können, da diese ja bekanntlich wiederum Veranlassung zu erneutem Auftreten der Caries geben würden.

So hat Robert Arthur ein eigenes System des Separirens der Zähne angegeben, das ich in nebenstehender Figur abbilde (Fig. 59).

Arthur feilt nicht einfach gerade durch zwischen den Zähnen, sondern stellt Zwischenräume her, die keilförmig an der Labialseite enger sind als an der Lingualseite, gleichzeitig aber noch am Zahnhals enger als an den Kronen, so dass Speisereste sich nicht festsetzen können, sondern von selbst wieder herausfallen müssen.

Fig. 57.

Fig. 58.

Separirfeilen.

Polirstahl.

Fig. 59.

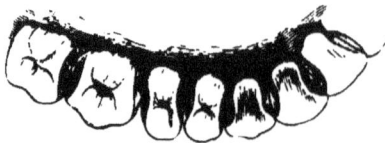

Nach Arthur gefeilte Zähne. Abbildung nach Quinby.

Baume fordert es als sein Verdienst um die praktische Zahn-heilkunde, das ihm gewiss von Niemandem bestritten, sondern allseitig hoch anerkannt wird, unzweifelhaft nachgewiesen zu haben, dass nur die angesammelten, zersetzten Speisereste zerstörend, dass hingegen der Speichel geradezu conservirend auf die Zähne wirkt. Damit, meint er, sei die wissenschaftliche Basis für das Separiren als einzige Möglichkeit für die Verhütung der Speiserestansammlungen und für den ungehinderten Zutritt der Mundflüssigkeiten gegeben.

Ich behaupte dagegen, man kann dies auf bessere Weise durch die rechtzeitige Extraction der ersten Molaren erreichen, wie ich es im vorigen Capitel gezeigt habe.

Denn auch hierdurch erzielen wir Zwischenräume zwischen den Zähnen und behalten gleichzeitig die natürliche Form des Zahns, welche doch unzweifelhaft die beste ist, so lange die Zahngewebe noch unversehrt sind und so lange die undurchdringliche Schmelzdecke intact bleibt. .

Deshalb bin ich im Allgemeinen gegen das Separiren der Zähne mit der Feile als Verhütungsmittel der Caries.

Ganz zu verwerfen ist das blosse Feilen, sobald die Caries schon ins Zahnbein vorgedrungen ist. Hier muss man unter allen Umständen schon eine Füllung einlegen.

Dabei gilt es zunächst, sich einen Zugang zur cariösen Höhle zu verschaffen. In sehr vielen Fällen ist dies natürlich nicht nöthig, da er schon von vornherein gegeben ist, wie z. B. an den Kauflächen der Molaren und Bikuspidaten, überhaupt bei allen Centralhöhlungen.

Wenn dagegen die Caries an den Distalflächen aufgetreten ist, und die Zähne sehr eng stehen, so muss man sich, ehe an ein Excaviren und Füllen zu denken ist, Platz schaffen.

Dies lässt sich durch mehrfache Mittel erreichen, nämlich durch Separiren mittelst der Feilen, wie wir es schon besprochen haben, oder indem wir, was wohl am meisten zu empfehlen ist, trockene und entfettete Baumwolle zwischen die Zähne drücken und 24 Stunden liegen lassen, um so den Zwischenraum allmählich zu vergrössern, oder schliesslich dadurch, dass wir bei Mangel an Zeit die Zähne mit Gummi oder Holzkeilen gewaltsam auseinander drängen.

Wenn wir auf diese Weise Platz und einen bequemen Zugang zur Höhlung gewonnen haben, so muss dieselbe vollkommen gereinigt und dann zur Aufnahme der Füllung vorbereitet, d. h. so geformt werden, dass die Füllung mechanisch in ihr zurückgehalten werden muss.

Mit der Bohrmaschine wird die Höhle von allem cariösen Zahnbein gesäubert, was bei der einfachen Caries ja auch ohne Gefahr für die Pulpa vollkommen gründlich gemacht werden kann.

Dünne Schmelzwände, welche später doch abbrechen würden, müssen entfernt werden, damit die Ränder überall glatt und fest sind. Dies geschieht alles mit der Bohrmaschine und lässt sich ohne wesentliche Schmerzen machen, wenn nur die Bohrer recht scharf sind, man keinen starken Druck ausübt und das Instrument öfter wieder abhebt, damit es durch die anhaltende Reibung nicht heiss wird.

Der Eingang zu der Höhlung muss im Allgemeinen enger sein als das Innere derselben. Im Innern werden, wo die Dicke des Zahnbeins es wegen der Pulpa gestattet, am Rande noch kleine Löcher und Rinnen angebracht, damit durch diese Haftstellen die Haltbarkeit der Füllung absolut gesichert ist.

Fig. 60.

Fig. 61.

Fig. 63.

Stumpfwinkeliges Handstück für die Bohrmaschine.

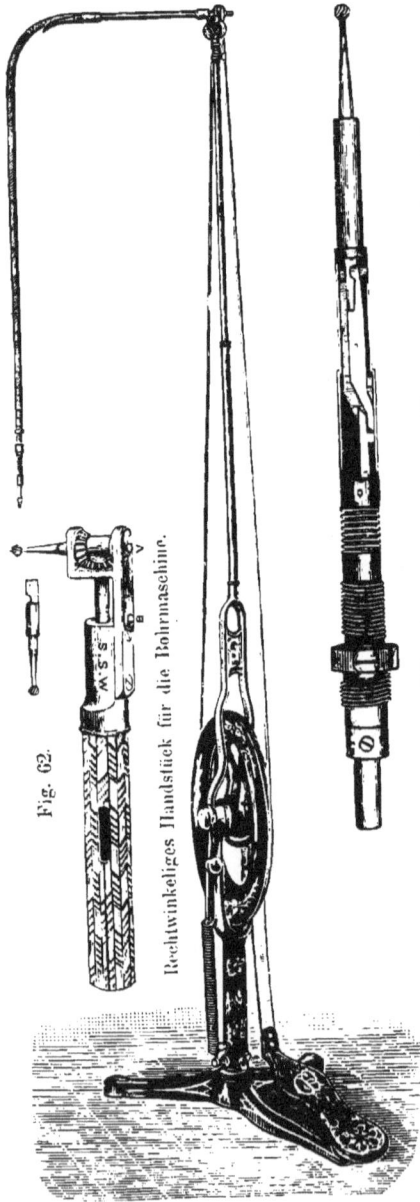

Rechtwinkeliges Handstück für die Bohrmaschine.

Fig. 62.

Fig. 64.

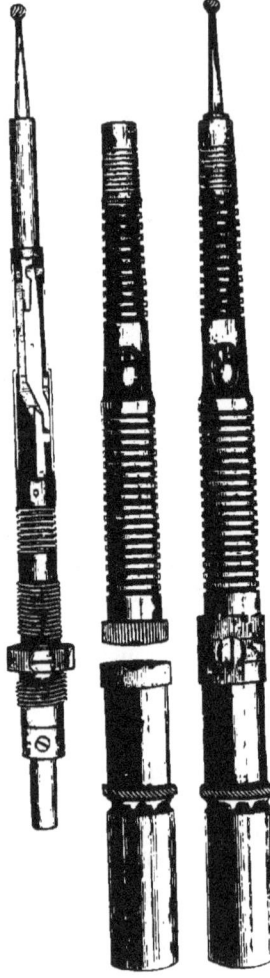

Gerades Hand-
stück für die
Bohrmaschine.

Spitzwinkeliges Handstück für die Bohrmaschine.

Bohrmaschine.

Die Höhlung wird wiederholt mit lauwarmem Wasser ausgespritzt, um alle Bohrspähne und losen Zahnbeinpartikelchen zu entfernen. Man trocknet sie auch gut aus, beleuchtet sie nach allen
Seiten mit dem Spiegel und untersucht aufs Genaueste, ob nirgends

Fig. 65.   Fig. 66.

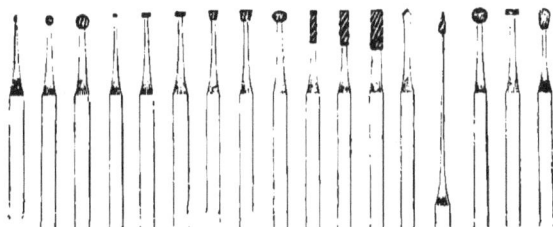

Bohrer für die Maschine.

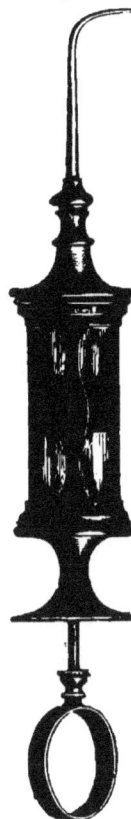

mehr abzutragen sei, ob alle Bedingungen für die
Haltbarkeit der Füllung gewissenhaft erfüllt sind.

Dann stecke ich einen Wattebausch mit Sublimatspiritus in die vorher ausgetrocknete Höhle, um
schliesslich noch das Zahnbein zu desinficiren, und
lasse diesen bis zur Füllung sitzen.

Der Sublimatspiritus ist nach Witzel folgender-
massen zusammengesetzt:

Rp.

    Sublimat 2·0

    Spirit. vini 70·0

    Aether sulf. 30·0

    Ol. Menth. pip. 10·0.

Nun treffe ich alle Vorbereitungen zur Füllung,
präparire das Füllungsmaterial und ordne das Instrumentarium, welches ich zu benutzen beabsichtige.

Ich vermeide sorgfältig, mehr Instrumente hin-
zulegen, als nöthig sind, halte aber auch alle bereit,
welche eventuell noch gebraucht werden können,

Zahnspritze.

damit nachher kein Zeitverlust entsteht. Während des Füllens gilt
es, den Zahn und seine Höhle absolut trocken zu halten.

In den meisten Fällen erreiche ich dies durch eine kleine Serviette, mit der ich die Ausführungsgänge der Drüsen verlege, und
zwar im Oberkiefer den Ductus stenonianus, im Unterkiefer den
Ductus Whartonianus.

Die Serviette wird zwischen Zahnreihe und Wange eingeschoben
und bei oberen Zähnen durch den Zahnarzt selbst, bei unteren durch

seinen Assistenten gehalten. Man kann auch ein Stück Wundschwamm oder Baumwolle zu diesem Zweck verwenden. Zum Austrocknen der Höhle selbst ziehe ich Wundschwamm dem Fliesspapier oder der Baumwolle vor. Schliesslich wird dieselbe mit dem Ballon ganz trocken geblasen (Fig. 67).

Fig. 67.

Fig. 69.

Fig. 68.

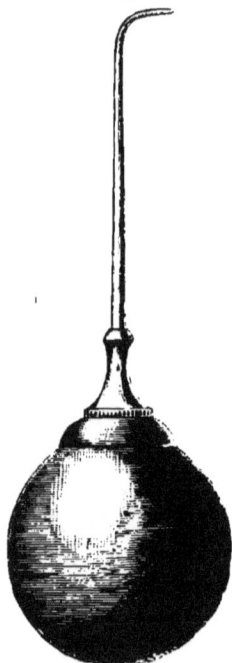

Gummiballon zum Austrocknen der Cavität.

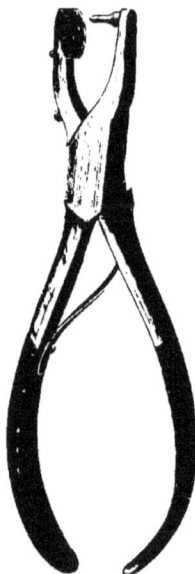

Cofferdam-Lochzange.

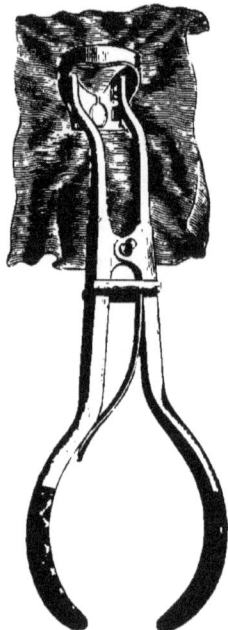

Cofferdam-Klammerzange.

Fig. 70.

Cofferdam-Klammern.

Bei Füllungen, deren Herstellung längere Zeit in Anspruch nimmt, besonders an Zähnen des Unterkiefers, muss der Cofferdam angelegt werden. Man nimmt ein entsprechend grosses Stück von dem Gummi, durchlöchert es mit der Lochzange, spannt es über eine

Klammer und bringt diese mittelst der Klammerzange über den zu füllenden Zahn (Fig. 68, 69 und 70).

Fig. 71.

Cofferdam-Halter.

Ein um den Hinterkopf gelegtes Band hält den Cofferdam in die Höhe. Auf diese Weise ist der Zahn vollkommen isolirt und kann beliebig lange trocken gehalten werden. Der im Munde sich ansammelnde Speichel fliesst in den vorgebundenen Speichelfänger ab (Fig. 71, 72 und 73).

Fig. 73.

Fig. 72.

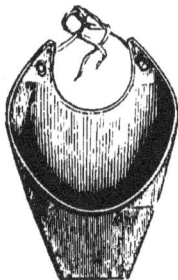

Speichelfänger.

Cofferdam-Halter in situ.

Wenn wir jetzt zur Besprechung der zum Füllen der Zähne gebräuchlichen Materialien übergehen, so wollen wir der Reihe nach erwähnen die verschiedenen Präparate von:

Guttapercha,
Cement,
Amalgam und
Gold.

Guttapercha und seine Präparate, die mit Kieselerde gemischt sind und von denen Hill's Stopping das bekannteste und beste ist, sind nur für provisorische Füllungen geeignet, da sie sich beim Kauact verhältnissmässig schnell abnutzen.

Als provisorische Füllung aber kann die Guttapercha bei grossen Höhlungen oft vorzügliche Dienste leisten, da sie als Nichtleiter die nahe liegende Pulpa gegen jegliche thermische Insulte schützt, was Cement oder Amalgam nicht thun würden.

Wenn diese weiche Füllung gut ertragen wird, so wird sie nach Verlauf von zwei bis drei Monaten durch Amalgam ersetzt. Als Grundlage jedoch bleibt etwas Guttapercha liegen. Ueberhaupt ist es gut, bei grösseren Füllungen zum Schutz der Pulpa gegen Temperaturwechsel etwas Hill's Stopping unter das Amalgam zu legen.

In grossen Höhlen aber, an den Seitenflächen der Zähne, die beim Kauact nicht benutzt werden, kann Hill's Stopping sich jahrelang unverändert halten und ist dann ein vorzüglicher Schutz gegen das Fortschreiten der Caries.

Es wird durch Erwärmen weich gemacht, wird mit warmen Instrumenten stückweise in die Höhle gebracht und gut finirt.

Von Cementen gibt es verschiedene Präparate, worunter in mehreren Arten zwei Gattungen vertreten sind, nämlich Zinkoxydchloride oder Chlorzinkcemente und Zinkphosphate.

Die ersteren und älteren Präparate bestehen aus Zinkoxyd mit Silicaten, das mit einer concentrirten Lösung von Chlorzink verrieben wird, die letzteren aus Zinkoxyd mit Phosphorsäure.

Cement ist viel härter als Guttapercha, entspricht aber in Bezug auf Dauerhaftigkeit noch lange nicht allen gerechten Anforderungen, da es mit der Zeit vom Speichel zersetzt und aufgelöst wird. Es eignet sich deshalb durchaus nicht für kleine Höhlungen, ist auch bei solchen, die ans Zahnfleisch grenzen oder gar theilweise unter demselben sich befinden, absolut zu verwerfen, da es hier sehr wenig dauerhaft ist.

Für ganz grosse Backzahnhöhlen wäre es recht gut, doch ziehe ich Amalgam bei Weitem vor.

Cement wird in verschiedenen Farben hergestellt, so dass die Füllung der Farbe des betreffenden Zahns möglichst entspricht. Diese bleibt unverändert, und deshalb wird das Cement für vordere Zähne besonders empfohlen, doch ist der Haltbarkeit wegen dem Golde stets der Vorzug zu geben. Auch halte ich, wenn Gold seines höheren Preises wegen abgelehnt wird, ein gutes Goldamalgam selbst bei vorderen Zähnen für besser, weil es dauerhafter ist.

Das Cement wird, nachdem die zu füllende Höhlung ausgetrocknet ist, auf einer Glasplatte dick angerührt. Es darf nicht so dünn sein, dass es schmierig ist, und nicht so dick, dass es bröckelig wird, sondern muss von einer Consistenz sein, dass es sich bequem verarbeiten lässt und hart wird, bald nachdem die Füllung beendet ist. Die Oberfläche wird polirt, ehe man den Speichel zutreten lässt.

Die Amalgame bestehen aus Legirungen von Gold, Silber, Platin und Zinn, deren Feilspäne vor dem Gebrauch mit Quecksilber verrieben werden. Man unterscheidet Gold-, Silber- und Platinamalgam, nach dem Metall benannt, welches in überwiegender Menge in der Legirung vorhanden ist.

Daneben gibt es noch Kupferamalgam, das nur aus Kupfer und Quecksilber besteht, in Rhomboëdern in den Handel gebracht wird und erhitzt werden muss, ehe man es verreiben kann. Es hat den einzigen Fehler, dass es im Munde schwarz wird und auch den Zahn schwarz färbt, aber es contrahirt sich nicht und kann deshalb für alle Höhlungen benutzt werden, muss aber wegen seiner Farbe bei Vorderzähnen natürlich durchaus vermieden werden.

Alle anderen Amalgame contrahiren sich mehr weniger stark und schliessen weder vollkommen luft- noch wasserdicht, was doch unerlässliche Bedingung einer guten Füllung ist.

Trotzdem erfüllen die besseren Präparate bei geeigneter Vorbereitung der Höhle besonders als Centralfüllungen grosser Backzähne ihren Zweck und können kräftige Zähne sogar Jahrzehnte hindurch vor Verfall schützen.

Bei weniger dauerhaften Zähnen, in denen die Caries einen acuten Verlauf nimmt, gewähren diese sich contrahirenden Amalgame nur einen mangelhaften Schutz. Auch Gold und Cement hält hier nicht lange, und deshalb ziehe ich in allen hinteren Zähnen das Kupferamalgam ganz entschieden vor. Wenn es nicht schwarz würde, wäre es überhaupt das denkbar beste Material. Bei Milchzähnen gebrauche ich es fast ausschliesslich.

Kupferamalgam und Gold sind die von mir bevorzugten Materialien. Cement brauche ich sehr wenig, nur in ganz grossen Höhlungen vorderer Zähne, Silber- und Platinamalgam gar nicht, und Goldamalgam bei vorderen Zähnen, wo Gold nicht gewünscht wird. Bei allen Backzähnen nehme ich, wenn Gold nicht geeignet ist, Kupferamalgam, wobei ich zugleich auf die schwarze Verfärbung und grössere Dauerhaftigkeit aufmerksam mache.

Dem Amalgam muss so viel Quecksilber zugesetzt werden, dass es plastisch und nicht bröckelig ist. Nimmt man zu viel Quecksilber, dann wird es zu weich, nimmt man zu wenig, dann ist es trocken und haftet nicht (Fig. 74, 75, 76, 77 und 78).

Es wird mit geeigneten Instrumenten, Amalgamstopfern, stückweise in die Höhle gebracht, mit dem Kugelstopfer gut an die Wände gedrückt und mit Pincette und Schwammstückchen gleichzeitig das überschüssige Quecksilber ausgepresst. Letzteres erscheint in Form kleiner Kügelchen an der Oberfläche und wird mit Zunder fortgewischt.

Die Füllung darf die Oberfläche des Zahns nicht überragen. Besonders an den Kauflächen ist zu beachten, dass sie nicht zu hoch ist, damit der Zahn vom Antagonisten nicht mehr als vorher getroffen wird. Werden zwei Zähne an den Berührungsflächen gefüllt, so trennt man die Füllungen sorgfältig mit dem Plombenmesser. Alles im Munde verlorene Amalgam muss durch Ausspritzen und Spülen entfernt werden, weil sonst später vom Patienten geglaubt wird, es seien Stücke aus der Füllung abgebrochen.

Gold bleibt im Munde absolut unverändert. Es contrahirt sich nicht, wird weder zersetzt noch verfärbt oder abgenutzt.

Fig. 74   Fig. 75.

Mörser zum Verreiben des Amalgam.   Quecksilberbüchse.

Eine gute Goldfüllung ist stets die dauerhafteste, besonders in kräftigen Zähnen, die überhaupt der Caries wenig zuneigen, und in denen dieselbe nur langsam fortschreitet.

Weiche Zähne sind für Goldfüllungen nicht geeignet, da in ihnen Gold nicht länger hält wie andere Materialien und deshalb hier zu kostspielig wäre. Für kleine Höhlungen dagegen in festen Zähnen können wir kein dauerhafteres Material wünschen, da es keine Seltenheit ist, solche Füllungen noch nach 30 Jahren unverändert zu finden. Grosse Füllungen auf der Rückseite der Zähne sind schwer mit Gold zu füllen, für kräftige Vorderzähne aber ist Gold Allem vorzuziehen.

Goldfüllungen sind ganz besonders gut und viel zu bürsten. Je besser sie gebürstet werden, desto schöner werden sie und um so länger halten sie. Wir unterscheiden: Krystallgold, nicht adhäsives und adhäsives Blattgold.

Fig. 76.

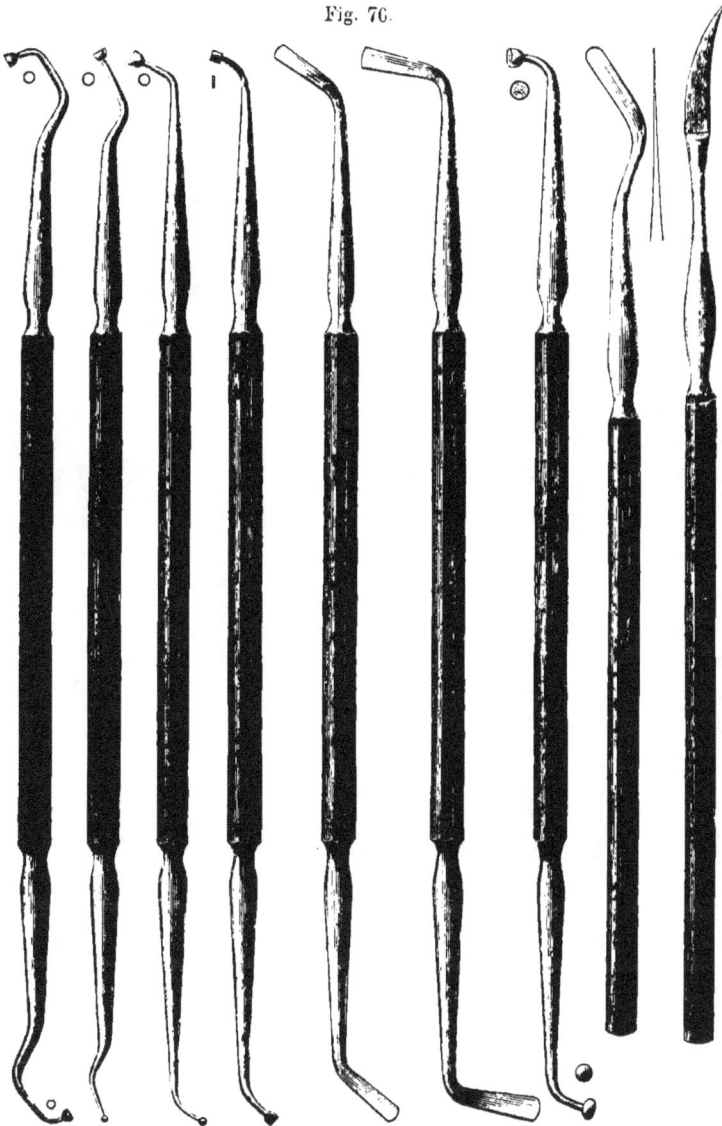

Instrumente für plastische Füllungen.
Zur Einführung von Amalgam, Guttapercha und Cement.

Das Krystallgold oder Schwammgold besteht aus porösen, schwammigen Stücken. Es wird nach dem Glühen auch adhäsiv, muss

Fig. 77.   Fig. 78.   Fig. 80.

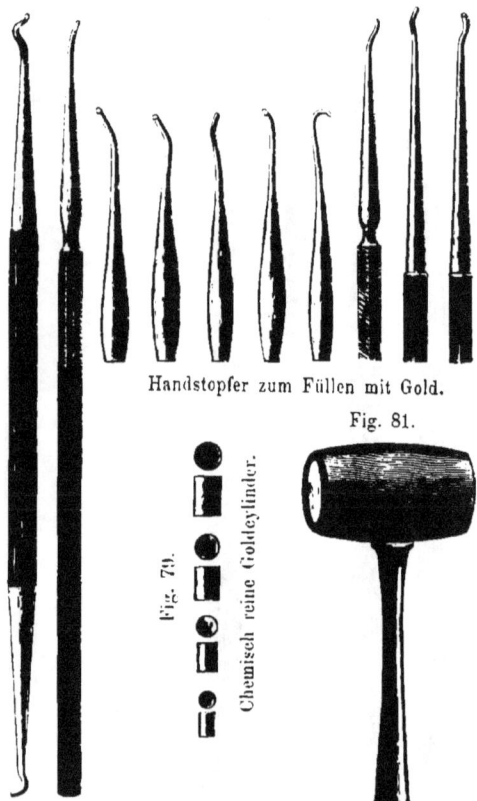

Handstopfer zum Füllen mit Gold.

Fig. 81.

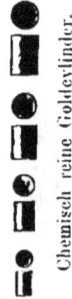

Fig. 79.   Chemisch reine Goldcylinder.

Plomben-
messer.

Pincette.

sehr sorgfältig behandelt und
stückweise gedichtet werden,
da sonst die Füllung nicht
compact, nicht dauerhaft wird.
Es wird sehr wenig gebraucht,
da Blattgold viel besser ist.
Weil es sich jedoch leicht
und gut an die Wandungen
anlegt, so wird es mitunter
zum Ausfüllen des Grundes genommen
und darüber mit adhäsivem Blattgold
gefüllt.

Handhammer zum
Füllen mit Gold.

Auch das nicht adhäsive, weiche Gold wird wenig mehr
gebraucht. Es wird condensirt mit Stopfern und Condensatoren, indem

man diese Instrumente keilförmig in die Füllung hinein- Fig. 83
treibt, um immer Platz für mehr Gold zu schaffen, bis die
Höhle vollkommen ausgefüllt und kein Raum mehr vorhanden
ist. Dann wird die Oberfläche polirt.

Am meisten verwandt wird das adhäsive Blattgold.
Ich gebrauche es ausschliesslich, und zwar die chemisch
reinen Goldcylinder von Carl Wolrab in Bremen in verschiedenen Grössen, je nach der Grösse der Höhlung. Ich
glühe die einzelnen Stücke nur ganz leicht, indem ich sie
schnell durch eine Spiritusflamme ziehe. Das Gold bleibt dann
sehr schön weich und adhäsiv.

Fig. 82.

Eine solche Goldfüllung
muss gut verankert sein, d. h.
schon die ersten Stücke müssen
in den Haftstellen zuverlässig
befestigt werden. Jedes Stück
Gold muss für sich fest gehäm-
mert werden. Ich brauche dazu
Rauhe's pneumatischen Hammer oder lasse meinen Assistenten mit dem Handhammer
auf den Goldstopfer schlagen
(Fig. 79, 80 und 81).

Es gibt eine grosse Zahl
von automatischen, pneumatischen und elektrischen Häm-
mern. Auch Telschow hat
einen Hammer angegeben, welcher sehr empfehlenswerth ist.

Pneumatischer Hammer.

Derselbe wird durch die Bohr-
maschine in Thätigkeit gesetzt (Fig. 82 und 83).

Bei Füllungen mit adhäsivem Blattgold muss jede
Spur von Feuchtigkeit aus dem Speichel oder Athem absolut fern gehalten werden, da sonst die einzelnen Stücke
nicht mehr haften und die Arbeit von vorn zu beginnen wäre.

Das Gold muss die Ränder der Höhlung etwas überragen, ehe die Füllung beendigt und polirt werden kann.
Bei Centralfüllungen geschieht dies mittelst der Bohrmaschine
mit Finirern und Polirern. Die ersteren sind ganz feine
Fraisen, und die letzteren glatte Stahlköpfe. An den Seitenflächen der Schneidezähne benutze ich dazu kleine Rädchen
von feinem Schmirgelpapier in einem besonderen Einsatz an
der Maschine. Das Poliren muss sehr sorgfältig geschehen, damit

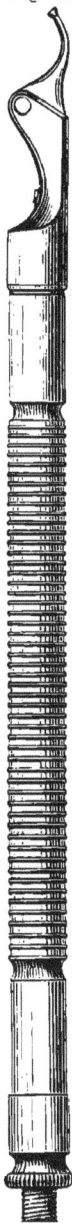

Handgriff mit Einsatz für den pneumatischen Hammer zum Füllen der Zähne mit Gold.

das Gold den Rändern genau anliegt und dieselben nirgends überragt.

Schliesslich wollen wir noch die Rotationsmethode von Herbst erwähnen, welche sehr sinnreich erdacht und ausgebildet ist. Durch Rotation werden die einzelnen Goldlagen mit der Bohrmaschine und den abgebildeten Instrumenten an die Wandungen der Höhle angedrückt und gedichtet. Die bei der Reibung entstehende Wärme soll die Adhäsivkraft des Goldes noch bedeutend erhöhen.

Nach dieser Methode lässt sich leichter und schneller arbeiten, auch soll sie weniger unangenehm für den Patienten sein, aber die Füllungen werden nicht so fest wie die mit dem Hammer hergestellten.

Fig. 84.

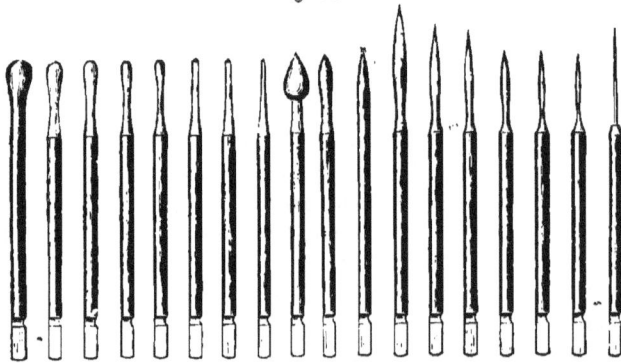

Instrumente zum Goldfüllen nach der Rotationsmethode von Herbst.

Die Rotationsmethode wird viel gelobt und viel getadelt, doch habe ich kein sicheres Urtheil, weil ich nicht danach arbeite.

Die von manchen Zahnärzten hergestellten Füllungen von Zinn oder Zinngold halte ich für zwecklos.

VII. CAPITEL.

Pulpitis.

Bei der im vorigen Capitel besprochenen einfachen Caries, die absolut noch keine Schmerzen gemacht hat, kann man, wie wir gesehen haben, auf die einfachste Weise durch Reinigen und Füllen der cariösen Höhle dem weiteren Fortschreiten der Caries Einhalt gebieten und kann dadurch die Zähne sicher vor Verfall bewahren und ihrem Besitzer gesund erhalten, wenn nur Gelegenheit gegeben wird zur regelmässig wiederholten rechtzeitigen Inspection.

Jeder, der bei rationeller Pflege ein- oder mehrmals im Jahre je nach der Consistenz seiner Zähne seinen Mund sorgfältig vom Zahnarzt untersuchen und seine cariösen Zähne füllen lässt, behält ein gutes Gebiss und bleibt von Zahnschmerzen verschont.

Geschieht dies aber nicht, so macht selbstverständlich die Caries weitere Fortschritte, sie dringt immer tiefer ins Zahnbein und ihr fortschreitender Kegel erreicht die Oberfläche der Pulpa nach und nach mit seinen verschiedenen Stadien.

Die Folgeerscheinungen dieses Processes wollen wir jetzt besprechen und werden hier der Reihe nach behandeln:

1. Das sensible Zahnbein,
2. die irritirte Pulpa,
3. die entzündete Pulpa,
4. die gangränös zerfallene Pulpa,
5. den Pulpapolyp.

Wir legen dabei weniger Gewicht auf die pathologisch-anatomischen Zustände als vielmehr, dem Zweck unseres Buches entsprechend, auf die klinischen Erscheinungen, deren Kenntniss allein es dem praktischen Arzt ermöglicht, seine Behandlung zu einer erfolgreichen zu machen.

Sensibles Zahnbein.

Bei dem sensiblen Zahnbein ist die Pulpa noch intact und gesund.

Das Zahnbein ist empfindlich bei retrahirtem Zahnfleisch an dem blossliegenden Zahnhals, wo der Schmelz aufhört und nur eine äusserst dünne Cementschicht als Decke des Zahnbeins vorhanden ist. Es kann hier gegen äussere Insulte so empfindlich sein, als ob die Pulpa selbst direct von diesen getroffen würde.

Durch Temperaturwechsel, Säuren, Süssigkeiten und Berührung werden kurzdauernde Schmerzanfälle hervorgerufen. Eben dies rasche Verschwinden des Schmerzes ist charakteristisch zur Unterscheidung, ob nur das Zahnbein sensibel ist, oder ob schon die Pulpa ergriffen.

Durch die Dentinzellenfortsätze wird die Leitung zur Pulpa vermittelt.

Sobald diese in Folge der früher besprochenen Verquellung der Zahnbeincanälchen schrumpfen, hört ihre Leitungsfähigkeit auf und die Schmerzen sind beseitigt. Darauf basiren wir auch die Behandlung des sensiblen Dentins.

Wir betupfen den blossliegenden Zahnhals mit einem spitzen Höllensteinstift oder einer concentrirten Lösung und vernichten dadurch die Leitungsfähigkeit der Dentinzellenfortsätze.

Nach einigen Tagen ist die Empfindlichkeit beseitigt, oder das Verfahren wird nochmals wiederholt.

Wenn ein Stück Schmelz durch eine Verletzung abgesprengt oder durch Caries zugrunde gegangen ist, so können wir an dem jetzt entblössten gesunden Zahnbein dieselbe Empfindlichkeit beobachten. Hier ändern wir unsere Behandlung nur insoferne, als wir die cariöse Stelle baldigst füllen. Das Zahnbein erhält dadurch wieder eine Decke und ist geschützt. Nach der Füllung verschwinden sämmtliche Erscheinungen.

Irritation der Pulpa.

Tritt jedoch keine Behandlung ein, so dringt der cariöse Zahnbeinkegel immer tiefer und erreicht mit seiner Spitze die Oberfläche der Pulpa, welche an dieser Stelle gereizt und hyperämisch wird.

Bei anhaltender Irritation wird die Pulpa stark hyperämisch, ist aber noch nicht entzündet. Sie verursacht noch keine spontanen Schmerzen, sondern schmerzt nur in Folge äusserer Veranlassung bei den schon vorher erwähnten Insulten, oder z. B. wenn beim Essen Speisetheilchen in die cariöse Höhle eindringen und durch die dünne, aber noch gesunde Zahnbeinschicht hindurch einen Druck auf die Pulpa ausüben.

Diese vorübergehende Empfindlichkeit ist das sicherste Zeichen der Irritationshyperämie. Nach Beseitigung der äusseren Schädlichkeiten hören auch hier noch die Schmerzen sofort wieder auf.

Dies zu wissen ist für die Erhaltung der Pulpa sehr wichtig, denn nach einer sorgfältig ausgeführten Füllung kehrt dieselbe wieder in den normalen Zustand zurück.

Entzündung der Pulpa.

Ohne Füllung erfolgt, sobald die Dentinschicht über der Pulpa erweicht ist, vom cariösen Herde aus eine Infection des Pulpatheils, welcher der Spitze des cariösen Kegels anliegt. Es kommt an der Stelle zu oberflächlichem Zerfall, zur partiellen Pulpitis. So wird aus der Irritation der Pulpa eine Entzündung derselben.

Jetzt treten schon länger dauernde Schmerzen ein nach Insulten in Folge von Unvorsichtigkeit beim Essen und Trinken, wenn Speisen in die Höhle kommen und durch das erweichte Zahnbein einen Druck auf die Pulpa ausüben, ferner beim Genuss von Saurem und Süssem, kalten und warmen Getränken oder bei Zugluft. Ja es können sogar spontane Schmerzen auftreten in Folge der gesteigerten Blutzufuhr nach dem Essen oder Nachts bei horizontaler Körperlage im Bett.

Die Diagnose der partiellen Pulpitis ist gesichert, sobald der Zahn auch nur einmal in der Nacht spontan heftige Schmerzen gemacht hat.

Wenn der Zahn schon mehrere Nächte Schmerzen verursacht hat und diese auch am Tage öfter spontan auftreten, dann ist aus der partiellen Pulpitis eine totale geworden.

Wird gleichzeitig ein heftiges Klopfen im Zahn gefühlt, so besteht neben der totalen Pulpitis schon eine Eiterung in der Pulpakrone So geht dann bald die ganze Pulpa durch Eiterung zugrunde, und das ist der regelmässige Verlauf der acuten Pulpitis, wie wir ihn eben geschildert haben.

Es kann aber auch aus der acuten Pulpitis eine chronische werden. Diese ist indolent und wird daher meistens so wenig beachtet, dass die Zähne vollkommen zugrunde gehen und schmerzlos abbröckeln.

Wenn wir es mit dem Ausgang in Eiterung, der Pulpitis ulcerosa zu thun haben, so müssen wir auch hier wieder eine partielle und totale unterscheiden.

Es kann die Pulpakrone vereitern, während die Pulpawurzel entzündet ist, oder ein Wurzelstrang ist vereitert und der andere entzündet, was natürlich bei der Behandlung sehr zu berücksichtigen ist.

In den meisten Fällen tritt hier bei Eröffnung der Pulpahöhle ein Tropfen Eiter heraus.

Gangrän der Pulpa.

Bei dem Uebergang der Pulpaentzündung in Gangrän unterscheiden wir den feuchten oder sphacelösen Brand, und den trockenen Brand oder die Munification der Pulpa.

Bei sehr starker allgemeiner Hyperämie der Pulpa wird dieselbe ganz dunkelroth, dann blau und schliesslich schwarz. Sie zerfällt jauchig, wird schmierig, stinkend und färbt den ganzen Zahn dunkel, weil die Jauche in die Zahnbeincanälchen eindringt. Durch das Eindringen septischer Stoffe in die Alveole ist eine heftige Periostitis dann die gewöhnliche Folge, doch wollen wir die Wurzelhautentzündung in einem eigenen Capitel behandeln.

Bei dem seltener vorkommenden trockenen Brand zerfällt die Pulpa zu einer bröckelig schmierigen, stinkenden Masse.

In beiden Fällen ist die Untersuchung schmerzlos, und der in die Pulpahöhle eindringende Excavator zeigt einen sehr starken Fäulnissgeruch.

Pulpapolyp.

Schliesslich müssen wir noch einen anderen Ausgang der Pulpitis besprechen, und das ist der Pulpapolyp. Durch die beständige Reizung der blossliegenden, chronisch entzündeten Pulpa kann es zu einer Wucherung des Gewebes kommen. Es entsteht durch die Hyperplasie der Zahnpulpa ein Pulpapolyp, eine röthliche Geschwulst aus Granulationsgewebe. Dieses ist sehr gefässreich, jedoch ohne Nerven, daher blutet es sehr leicht, ist aber schmerzlos und sieht aus wie ein Zahnfleischpolyp, d. h. wie Zahnfleisch, welches durch einen Defect in der Zahnwand in die cariöse Höhle hineingewuchert ist. Solche Zähne fülle ich in der Privatpraxis stets, da die Wurzelhaut hier noch gesund ist und die Wurzelcanäle aseptisch sind.

Diagnose.

Um eine richtige Differentialdiagnose bei der Untersuchung stellen zu können, müssen wir einen Schmerzanfall hervorzurufen suchen.

Das blossliegende sensible Dentin am Zahnhals schmerzt schon bei der einfachen Berührung mit einem Excavator.

Bei der Pulpitis sondiren wir ganz vorsichtig mit dem Excavator, da schon die leiseste Berührung der entzündeten Pulpa heftige Schmerzen hervorruft.

Wenn diese Untersuchungsmethode erfolglos bleibt, so prüfen wir das Verhalten der Pulpa gegen das Einspritzen einiger Tropfen kalten Wassers in den Zahn.

Verursacht dasselbe einen in wenigen Secunden schon wieder vorübergehenden Schmerz, so ist die **Pulpa irritirt**.

Wenn aber der Patient heftig zusammenzuckt und der Schmerz erst nach einer Minute wieder nachlässt, so ist die **Pulpa partiell entzündet**.

Wenn der Patient beim Genuss sowohl von kalten als auch heissen Speisen und Getränken Schmerzen im Zahne hat und sensibles Dentin am Zahnhals ausgeschlossen ist, so liegt bereits **jauchiger Zerfall der Pulpaoberfläche** vor.

Ist der Zahn gegen Kälte gar nicht mehr empfindlich, verursacht aber der Genuss von warmen Speisen und Getränken heftige, blitzartig auftretende Schmerzen, die durch Kälte sofort wieder gelindert werden, so ist die Diagnose auf **Ansammlung von Fäulnissgasen über einem entzündlich gangränösen Pulpastumpf** zu stellen. Die in der Pulpahöhle eingeschlossenen Gase dehnen sich bei der Hitze aus, üben einen Druck auf die Pulpawurzel und rufen so die Schmerzen hervor.

Fig. 85.

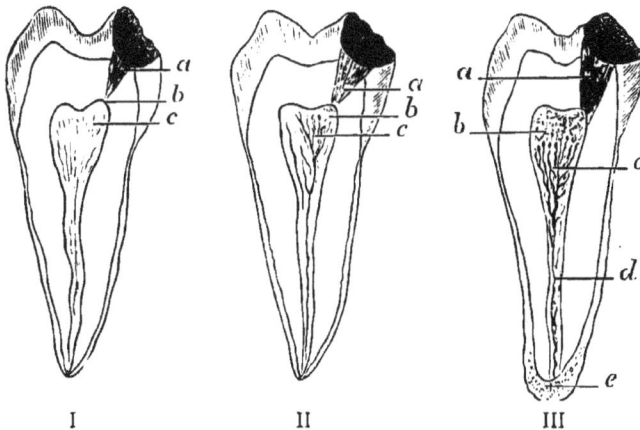

I II III

Fig. 85 I zeigt bei *a* die Spitze des erweichten Zahnbeinkegels, unter dem sich bei *b* noch eine Schicht gesunden Zahnbeins befindet. Das irritirte Pulpahorn *c* zeigt feine, zum Theil neu gebildete Capillargefässe, aber keinen Gewebszerfall.

Bei Fig. 85 II ist die Erweichung des Zahnbeins *a* bereits bis zur Pulpa vorgeschritten. Die Oberfläche derselben, entsprechend dem cariösen Kegel, ist zerfallen und von zersetzten fauligen Gewebsmassen *b* bedeckt. — Die Gefässe in dem entzündeten Theile *c* sind stark erweitert und sehr zahlreich, die in dem Wurzeltheile als feine Stränge sichtbar.

Fig. 85 III zeigt, dass der Gewebszerfall *b* bereits die ganze Pulpakrone ergriffen hat. In dem entzündlich gangränösen Pulpastumpf befinden sich zahlreiche knotenförmige Gefässenden *c*, und im Wurzeltheile stark erweiterte und geschlängelt verlaufende Gefässe *d*, die mit zersetztem Blute überfüllt sind. Das Periost des Zahns *e* ist an der Wurzelspitze infiltrirt und hyperplastisch.

Die hier erwähnten pathologischen Veränderungen seien schematisch in umstehenden Figuren abgebildet. Diese sind dem Compendium der Pathologie und Therapie der Pulpakrankheiten des Zahns
von dem um, die deutsche Zahnheilkunde hochverdienten Dr. med.
Adolf Witzel entnommen.

Neuralgie.

Schwierig zu entdecken ist oft die Pulpitis früher gefüllter Zähne
oder die intacter Zähne bei Schwangerschaft, Menstruationsstörungen
und Dentikeln. Zu berücksichtigen ist dabei, dass die Schmerzen im
ganzen Gebiet des Trigeminus ausstrahlen können und der Patient
keinen bestimmten Zahn anzugeben vermag, ja nicht einmal sagen
kann, ob der Sitz der Schmerzen im Ober- oder Unterkiefer sei. Schläfe,
Auge und Ohr, ja oft sogar der ganze Kopf, Nacken Hals und Brust
können betheiligt sein. Der Patient klagt über Gesichtsreissen, Ohren-
reissen, Hemikranie, heftige Neuralgie oder „rheumatischen Zahnschmerz".

Fig. 86.

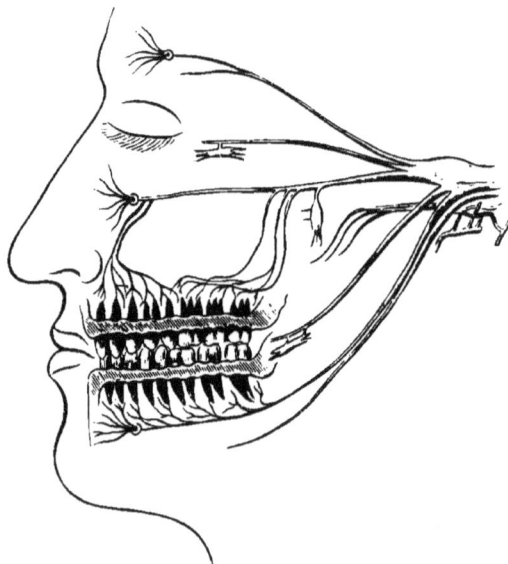

Fig. 86 stellt eine Abbildung des fünften Hirnnerven dar.

So sind Zahnleiden die häufige Ursache von Neuralgie des Nervus
infraorbitalis, supraorbitalis, auriculotemporalis, occipitalis oder des
Plexus tympanicus.

Diese Neuralgien werden von den praktischen Aerzten als ein nervöses oder rheumatisches Leiden oft Monate lang vergeblich behandelt, und erst wenn die Ursache in der Pulpitis oder Periostitis erkannt und diese beseitigt ist, verschwindet das Leiden.

Es gehört eine sorgfältige Inspection der ganzen Mundhöhle dazu, um die Ursache zu finden.

Zu beachten ist dabei, dass Schmerzen in Kinn, Ohr und Schläfe gewöhnlich von erkrankten Zähnen des Unterkiefers, Schmerzen im Jochbein, der Infra- und Supraorbitalgegend von solchen des Oberkiefers ausgehen.

Gewöhnlich handelt es sich um cariöse Höhlen an den Berührungsflächen der Zähne, die unter dem Zahnfleisch versteckt liegen. Auch hat man speciell auf alte Füllungen, besonders laterale Cementfüllungen, die ans Zahnfleisch heranreichen, sein Augenmerk zu richten, da die Füllung hier oft nicht mehr schliesst und die Pulpa sich dann entzündet.

Wenn jedoch selbst bei der genauesten, mehrfach wiederholten Untersuchung vom Zahnarzt nichts gefunden wird, dann ist eine idiopathische Neuralgie anzunehmen und der Patient dem Neurologen oder Chirurgen zur Behandlung zu überweisen.

Einen rheumatischen Zahnschmerz aber gibt es, wie Dr. Scheff in seinem Lehrbuch sehr richtig betont, **nicht.**

Von Laien wird eben sehr oft gesagt, ihre Zahnschmerzen seien rheumatisch und wären nur durch Erkältung hervorgerufen. Von Aerzten werden sie in dieser irrigen Ansicht unterstützt, bis schliesslich die Schmerzen so heftig werden, dass sie beim Zahnarzt Hilfe suchen. Dieser muss dann unter jeder Bedingung mit Zuhilfenahme aller ihm zu Gebote stehenden Untersuchungsmethoden den Sitz des Schmerzes finden.

Die Pulpitis wird gefunden durch Anspritzen mit kaltem Wasser, die Periostitis durch Percussion der Zähne. Wenn beides, Pulpitis und Periostitis, auszuschliessen ist, dann erst ist der Verdacht auf interne Odontome, Dentikel gerechtfertigt.

Dentikel sind kleine, harte Körnchen, die im Parenchym der Pulpa eingebettet sind. Ihr Vorkommen ist sehr häufig, durch sie hervorgerufene Neuralgien aber verhältnissmässig selten.

Therapie.

Wenn wir jetzt zur Behandlung der Pulpakrankheiten übergehen, so will ich hier nur kurz vorausschicken, dass sämmtliche Zähne mit erkrankter Pulpa gefüllt werden und erhalten bleiben können, wenn nur die Wurzelhaut noch gesund ist.

Das sensible Dentin am entblössten Zahnhals wird, wie schon erwähnt, mit Lapis geätzt. Dieses Mittel wirkt sicher, es lässt nie im Stich, aber die Wirkung erfolgt erst nach einigen Tagen und mitunter nur nach wiederholter Anwendung. Es hat den einzigen Nachtheil, dass es den Zahn an der betreffenden Stelle schwarz färbt.

Zur Behandlung des sensiblen Dentins in cariösen Höhlen, wenn die Pulpa noch bedeckt und gesund, ist der Gebrauch von Arsenik unter allen Umständen zu verwerfen, da in Folge der starken Irritation eine Pulpitis die unausbleibliche Folge sein würde. Statt dessen wird vielfach die Anwendung von Carbolsäure empfohlen. Da aber Carbolsäure das Zahnbein angreift und damit die Dauerhaftigkeit der Füllung in Frage gestellt wird, so gebrauche ich dafür beim Excaviren der Höhlung Cocaïn in Substanz. Es wirkt in kurzer Zeit so schmerzstillend, dass man mit Bohrmaschine und scharfen Instrumenten die Höhlung vollkommen reinigen kann. Mit scharfen Bohrern ist dies ja im Augenblick geschehen, so dass Personen, welche nicht besonders empfindlich sind, es ganz gut ertragen.

Gesundes Zahnbein zeigt übrigens immer eine geringe Empfindlichkeit, weil eben die Dentinzellenfortsätze leitungsfähig sind. Aus demselben Grunde kann auch das Cocaïn durch das Zahnbein hindurch auf die Pulpa wirken. Schwache Lösungen aber nützen nichts, sondern man muss die Cocaïnkrystalle etwa 10 Minuten lang auf das trocken gelegte Zahnbein wirken lassen. Eine geringe Empfindlichkeit im gesunden Zahnbein ist jedoch selbst bei Goldfüllungen kein Hinderniss, wenn nur die Pulpa noch von einer hinreichend dicken Schicht gesunden Zahnbeins bedeckt ist. Ueber wirklich empfindlichem Zahnbein aber bei geringer Bedeckung der Pulpa darf eine Metallfüllung allein nicht zur Verwendung kommen, weil bei dem guten Wärmeleiter jeder Temperaturwechsel Schmerzen hervorrufen würde. Hier legen wir zum Schutz und als Decke für die Pulpa eine Schicht Hill's Stopping unter die Metallfüllung.

Fig. 87.

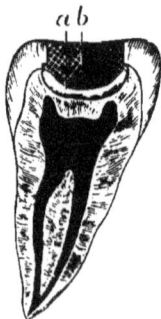

Wenn das Zahnbein über der Pulpa schon erweicht und die Pulpa selbst gegen Druck und Temperaturwechsel empfindlich, aber vollkommen gesund ist, so desinficire man das Zahnbein durch wiederholte Anwendung von Sublimatspiritus, dessen Formel schon früher angegeben wurde:

Fig. 87. Durchschnitt eines unteren Mahlzahns, über dessen Pulpahörnern nur noch eine dünne gesunde Dentinschnitt liegt. Um die Pulpa gegen thermische Insulte zu schützen, ist auf den Boden der Cavität die Guttapercha *a* gelegt, welche der Füllung *b* als Unterlage dient.

Rp.

Sublimat 2·0
Spirit. vin. 70·0
Aether sulf. 30·0
Ol. Menth. pip. 10·0

unter gleichzeitiger Application von Cocaïnkrystallen, um die dadurch hervorgerufenen Schmerzen zu beseitigen oder noch besser zu vermeiden. Dann lege ich etwas Jodoformpasta über die nur wenig bedeckte Pulpa und darüber Hill's Stopping unter die Amalgamfüllung.

Fig. 88.

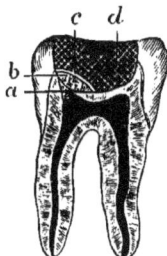

Fig. 88. Durchschnitt eines unteren Mahlzahns mit indirect überkappter Pulpa. a erweichtes Zahnbein; b Jodoformpasta; c Guttapercha; d Füllung.

Bei Irritation der Pulpa, oder wenn beim Excaviren eine ganz gesunde Pulpa aus Versehen blossgelegt wird, ist nach wiederholter Desinfection mit Sublimatspiritus Jodoform als schmerzstillendes Antisepticum ein vorzügliches Mittel zur Ueberkappung. Dazu werden vielfach Metallkappen empfohlen, doch verwende ich statt dessen stets Hill's Stopping als besten Nichtleiter und gleichzeitiges Schutzmittel gegen den Druck der Füllung.

Wenn eine Pulpa erst spontan geschmerzt hat, wir es also schon mit einer Entzündung des Organs zu thun haben, dann ist an eine conservative Behandlung der Pulpa nicht mehr zu denken, da dieselbe nur Misserfolge nach sich ziehen würde.

Eine entzündete Pulpa ist stets mit Arsenik zu behandeln, wenn der Zahn noch durch eine Füllung erhalten bleiben soll. Will der Patient jedoch nur von seinem Schmerz befreit werden, ohne sich den Zahn füllen zu lassen, dann ist die Kauterisation der Pulpa zu verwerfen und der Zahn zu extrahiren, weil er ohne Füllung stets ein Fäulnissherd im Munde bleiben und andere Zähne krank machen würde. Die in der Höhle sich ansammelnden septischen Massen verunreinigen die eingeathmete Luft, werden mit den gekauten Speisen verschluckt und sind die Ursache eines abscheulichen Foetor ex ore, welcher die ganze Umgebung durch Gestank belästigt. Eine nachfolgende Periostitis wäre ausserdem über kurz oder lang auch die unausbleibliche Folge. Bei Kindern sollen die ersten bleibenden Zähne, wenn sie pulpakrank sind, stets extrahirt werden.

Ehe das Aetzmittel zur Verwendung kommt, muss die Pulpa unter vorheriger Anwendung von Cocaïn mit breiten, löffelförmigen Excavatoren vorsichtig und möglichst schmerzlos ganz freigelegt werden. Dann wird eine etwa stecknadelkopfgrosse Menge von der Arsenpasta direct auf die freiliegende Pulpa in die ausgetrocknete und mit dem Spiegel gut beleuchtete Höhle gelegt und diese mit Baumwolle in Mastix oder Collodium getränkt oder mit rothem Wachs geschlossen.

Die Pasta hat folgende Zusammensetzung:

Rp.
      Acid. arsenicos.
      Morph. mur. āā
      Acid. carbol. q. s.
      ut f. pasta mollis.
      MDS. Arsenpasta.

Der Verschluss muss ohne Druck ausgeführt werden, damit er nicht schmerzt, und muss ein vollkommener sein, damit jede Vergiftungsgefahr ausgeschlossen ist und auch das Zahnfleisch nicht geätzt wird. Man entlässt dann den Patienten mit dem Bemerken, dass der Zahn etwa eine Stunde noch erträgliche Schmerzen machen werde. Nach 24 oder spätestens 48 Stunden wird der Verband abgenommen und die Pulpa ganz oder theilweise entfernt.

Fig. 89.

Nervextractor.

Fig. 90.

Dr. Donaldson's federharte Nervnadeln. Wurzelstopfer.

Extrahirt wird die Pulpa ganz mittelst der Nervextractoren aus allen einwurzeligen Zähnen. Der Wurzelcanal wird gut ausgespritzt, von Blut und allen Pulpatheilen befreit, öfter mit Sublimatspiritus desinficirt, ausgetrocknet und dann mit Jodoformpasta mit Hilfe der Wurzelstopfer bis zur Spitze vollkommen antiseptisch ausgefüllt, mit Hill's stopping überkappt und die Höhle mit Amalgam geschlossen.

Amputirt wird die Pulpakrone mittelst der Bohrmaschine aus allen mehrwurzeligen Zähnen. Die Pulpahöhle wird vollkommen von allen Pulparesten befreit, wiederholt ausgespritzt und mit Sublimatspiritus desinficirt, dann gut ausgetrocknet und mit Jodoformpasta ausgefüllt, so dass die in den Wurzelcanälen zurückbleibenden, nicht extrahirbaren Pulpastümpfe antiseptisch überkappt werden und hier unter beständiger Einwirkung des Desinficiens zu aseptischen Strängen einschrumpfen. Die Wurzelstümpfe sind bei partieller Pulpitis noch ganz gesund, bei totaler Pulpitis auch schon entzündet, aber noch nicht gangränös zerfallen.

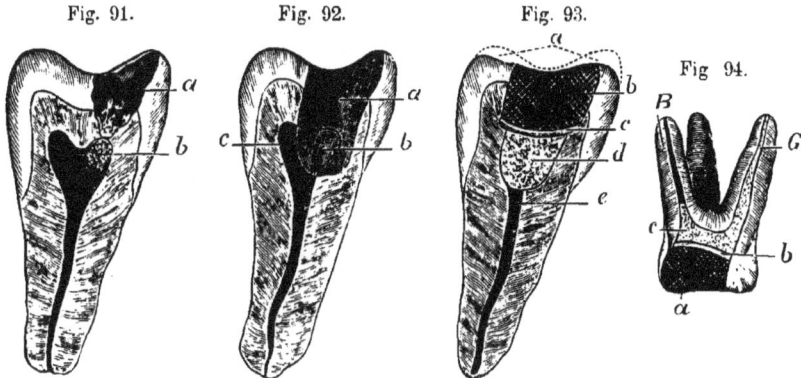

Fig. 91.   Fig. 92.   Fig. 93.

Fig 94.

Schematische Darstellung der Pulpaamputation:

Fig. 91. Frontaler Durchschnitt eines unteren Mahlzahns mit eröffnetem Canal der Mesialwurzel; *a* cariöser Defect, welcher die Pulpahöhle erreicht hat. Diesem entsprechend ist die Pulpakrone bei *b* entzündlich infiltrirt, die Pulpawurzel ist gesund.

Fig. 92. Die cariöse Höhle *a* ist aufgebohrt, aber nur der Theil *b* der Pulpakrone amputirt Bei *c* ist noch ein Zipfel der Pulpakrone im Zusammenhange mit der Pulpawurzel. Die Amputation ist also noch unvollständig; der Pulpazipfel *c* muss unbedingt noch entfernt werden.

Fig. 93 zeigt die Operation, wie sie ausgeführt werden soll. Die spitzen Höcker der Krone *a* sind abgeschliffen und dadurch die Höhle *b* für die Aufnahme der Amalgamfüllung weit günstiger gestaltet worden. Bei *c* befindet sich die Metallkapsel, welche, auf den Rändern der Pulpahöhle ruhend, eine feste Schutzdecke für die weich bleibende Jodoformpasta *d* bildet, mit der die Kronenpulpahöhle ausgefüllt und die Pulpawurzel *e* überkappt worden ist.

Fig. 94. Durchschnitt eines oberen Mahlzahns nach der Wurzelfüllung, *a* Amalgam, *b* Metallkapsel, *c* Jodoformpasta in der Pulpahöhle und in dem weiten Canale der Gaumenwurzel *G*. In der gleichfalls eröffneten Buccalwurzel *B* befindet sich noch die Pulpawurzel, die sich aus diesen Wurzelcanälen in hundert Fällen kaum einmal mit dem Nervextractor entfernen lässt.

Diese von Witzel in die Zahnheilkunde eingeführte antiseptische Behandlungsmethode ist unendlich viel besser, zuverlässiger und erfolgreicher als alle anderen früher angepriesenen Wurzelfüllungen mit Gold, Zinnfolie, Catgut u. s. w. Die Technik des Verfahrens findet sich in dem schon erwähnten Compendium der Pulpakrankheiten sehr genau beschrieben und abgebildet. Die Figuren sind diesem Werke entnommen.

Witzel braucht fast nur Sublimatpasta. Ich habe auch etwa ein Jahr lang Sublimatpasta gebraucht, bin jedoch zum Jodoform zurückgekehrt, weil dasselbe eben ein schmerzstillendes Antisepticum ist, während Sublimat, wo es mit der Wurzelhaut in Berührung kommt, dieselbe irritirt und entzündet, oder, wenn es aus Versehen auf das Zahnfleisch gebracht wird, stark ätzt und heftige Schmerzen verursacht.

Bei der conservativen Behandlung von Zähnen mit gangränös zerfallenen Pulpen müssen die septischen Pulpareste, welche aus den engen Wurzelcanälen nicht entfernt werden können, vor der antiseptischen Füllung mehrfach mit Sublimat kräftig desinficirt werden. Ich behandle sie dann mit Cocaïn, Carbolsäure und Jodoform, wie ich es im „Correspondenzblatt für Zahnärzte", Heft I, Januar 1888, ausführlich geschildert habe. Hier werde ich auf dies Verfahren im nächsten Capitel bei der conservativen Behandlung von Zähnen, die an Periostitis erkrankt sind, zurückkommen.

Pulpapolypen cauterisire ich mit Arsenik und fülle die Zähne dann antiseptisch wie nach jeder Pulpaamputation.

Prognose.

Für diese antiseptisch gefüllten Zähne kann die Prognose unter normalen Verhältnissen oft recht günstig genannt werden.

Der Zahn ist allerdings nach Verlust der Pulpa todt, da sein Ernährungsorgan eben fehlt und die Wurzelhaut nicht, wie man früher annahm, die Function der Pulpa übernehmen kann. Er ist demnach jetzt ein Fremdkörper für den Kiefer, dessen Mark ihn zu resorbiren und auszustossen trachtet. Es ist dies derselbe Vorgang, wie wir ihn schon beim Durchbruch und Wechsel der Zähne kennen gelernt haben, aber dieser Process kann besonders bei den gefüllten Zähnen oft viele Jahre dauern. Einen Nachtheil haben diese Zähne nur dadurch, dass ihre Wurzelhaut viel eher zur Entzündung geneigt ist als die von Zähnen mit noch lebender und gesunder Pulpa.

Wenn nach Pulpaamputationen in Ausnahmefällen die in den Wurzelcanälen zurückgebliebenen Pulpastümpfe sich entzünden sollten, oder wenn aus Versehen Reste vom Pulpakopf zurückgeblieben sind und nun in Fäulniss übergehen, so wird der gefüllte Zahn gegen Wärme äusserst empfindlich. Diese bei allen warmen Speisen und Getränken auftretenden Schmerzen kommen daher, dass sich in der geschlossenen Pulpahöhle Fäulnissgase entwickeln, welche bei der Wärme sich ausdehnen, nicht entweichen können und nun auf die Pulpastümpfe einen Druck ausüben.

Auch kann der Zahn beim Zusammenbeissen schmerzhaft werden, wenn die Wurzelhaut sich nachträglich noch entzündet.

Man behandelt diese Schmerzen, wenn man die Füllung nicht gleich entfernen will, indem man an der äusseren Seite des Zahnhalses eben unter dem Zahnfleisch mit einem feinen Fissurenbohrer einen Canal bis zur Pulpahöhle herstellt und dadurch den Gasen Abfluss verschafft, so dass jetzt sofort warmes Wasser vertragen wird. Gleichzeitig schleift man den Zahn etwas kürzer, damit er vom Antagonisten nicht mehr getroffen werden kann, und pinselt das Zahnfleisch mit Jod zur Ableitung der Entzündung von der Wurzelhaut.

VIII. CAPITEL.

Periostitis.

Aetiologie.

Im Anschluss an die Entzündung und Gangrän der Pulpa kann auch eine Entzündung der Wurzelhaut entstehen. Diese kommt zu Stande entweder durch directes Uebergreifen der Entzündung selbst, oder durch das Eindringen septischer Flüssigkeit aus der verjauchten Pulpa durch das Foramen dentale in die Alveole.

Die häufigste Ursache der Periostitis ist die in Folge von Caries erkrankte Pulpa. Aber auch bei gesunder Pulpa kann eine Wurzelhautentzündung auftreten in Folge von einem Trauma, sei es ein Schlag oder Fall oder bei zu festem Zubeissen auf einen harten Körper, aus Versehen etwa auf einen Stein im Brot oder beim Knacken von Nüssen, was viele Menschen ihren Zähnen zumuthen.

Es kann ferner ein Zahn an Wurzelhautentzündung erkranken, wenn er beim Zusammenbeissen von seinem Antagonisten eher getroffen wird als die anderen, wie dies der Fall ist bei einer zu hohen Füllung auf der Kaufläche oder bei unrichtiger Articulation künstlicher Gebisse oder auch wenn eine Gebissklammer einen beständigen Druck auf den Zahn ausübt.

Weitere Ursachen der Peridentitis sind Krankheiten des Zahnfleisches oder Allgemeinleiden, die in der Mundhöhle besonders sich localisiren, wie z. B. Scorbut und Diabetes oder bei Behandlung der Syphilis die Hydrargyrose.

Wir unterscheiden auch hier wieder ebenso wie bei der Pulpitis eine acute und eine chronische Form der Wurzelhautentzündung.

I. Stadium: Hyperämie.

Im Anfangsstadium der acuten Periostitis ist die Wurzelhaut gewöhnlich nur an der Spitze, mitunter auch in ihrer ganzen Ausdehnung hyperämisch. Bei mehrwurzeligen Zähnen ist nur eine Wurzel ergriffen oder es können sich alle betheiligen.

Subjectiv scheint der Zahn dem Patienten etwas länger und gelockert zu sein, auch beisst derselbe öfter unwillkürlich mit den Zähnen fest zusammen, weil dadurch eben die Hyperämie momentan beseitigt wird. Bestimmt localisirte Schmerzen bestehen noch nicht.

II. Stadium: Exsudation.

Macht der Process jedoch weitere Fortschritte, so nimmt die Hyperämie der Wurzelhaut stetig zu und auch die Auskleidungsmembran der Alveole wird ergriffen. Der Zahn wird jetzt durch das Exsudat etwas gehoben und wirklich gelockert, so dass diese Symptome nun auch objectiv nachweisbar sind.

Der Schmerz localisirt sich jetzt, wird heftiger, nimmt gegen Abend und in der Nacht zu, gegen Morgen wieder ab und unterscheidet sich durch seine ununterbrochene Dauer von dem der Pulpitis. Der Zahn ist gegen Percussion und die Alveole gegen Druck sehr empfindlich, da auch das Knochenmark in Mitleidenschaft gezogen wird.

Es tritt eine Anschwellung ein und beim unteren Weisheitszahn neben heftigem Reissen im Ohr eine Ankylose des Kiefers.

Die Schmerzen werden stetig heftiger und dauern ununterbrochen fort. Auch tritt Fieber ein mit allgemeinem Unwohlsein, Frösteln und Mattigkeit.

III. Stadium: Eiterung.

Bei der jetzt bestehenden hochgradigen Exsudation ist eine Restitutio ad integrum kaum mehr möglich, sondern nun kommt es zur Eiterung.

Es bildet sich eine harte Geschwulst, der Knochen wird vorgetrieben und die Weichtheile, Lippe, Wange und, je nach dem Sitz des Zahns, sogar die Augenlider sind ödematös geschwollen.

Spannung und Schmerzen nehmen immer noch zu und werden erst erträglicher, wenn der Abscess durch Knochen, Kieferperiost und Zahnfleisch sich Abfluss verschaffen kann.

Ausgänge.

Am häufigsten entleert sich der Eiter nach der labialen Seite. Die Anschwellung am Alveolartheil der Kiefer nennen wir Parulis.

Nach dem Durchbruch bleibt in diesem Fall in der Regel eine Zahnfleischfistel zurück. Damit ist dann die acute Entzündung abgelaufen,
die Eiterung lässt nach und der Zahn wird wieder fest und unempfindlich gegen Druck. Auch ist derselbe wieder gebrauchsfähig, behält
jedoch von nun ab eine Disposition für Entzündungen.

Nach wiederholt aufgetretener acuter Periostitis kehrt die Wurzelhaut dann nicht mehr zur Norm zurück, die Entzündung wird
jetzt chronisch, und eine geringe Eiterabsonderung bleibt bestehen.

Der Eiter entleert sich an der Austrittsstelle der Zahnfleischfistel, ohne sonst weitere Beschwerden zu machen. Die Wurzelhaut
wird hypertrophisch und zeigt bei der Extraction ein sogenanntes
Eitersäckchen oder aber sie geht zugrunde und die Wurzelspitze
wird nekrotisch.

Am Oberkiefer kann der Alveolartheil auch an der Gaumenseite durchbrochen werden. Der Eiter sammelt sich dann unter dem
Periost des harten Gaumens und bildet einen Gaumenabscess.
Auch hier kann nach dem Durchbruch eine Gaumenfistel zurück-
bleiben.

Am Unterkiefer erfolgt der Durchbruch ebenfalls am häufigsten
nach der labialen Seite, seltener lingual, doch wird der Eiter durch
die dicke Knochenrinde oft sehr lange zurückgehalten, so dass eine
Ostitis entsteht. Bei oberflächlichem Verlauf dagegen wird das
Periost abgehoben, so dass dieses jetzt den Eiter zurückhält und ein
subperiostaler Abscess sich bildet.

Der Kieferknochen kann an dieser Stelle jetzt weder von aussen
durch das Periost, noch von innen durch das vereiterte Mark ernährt
werden, und so entsteht dann eine Alveolarnekrose.

Bei den beiden ersten oberen Molaren befindet sich zwischen
ihren Wurzeln und dem Boden der Highmorshöhle eine ganz dünne
Knochenlamelle. Daher bricht der Eiter hier oft nach dem Antrum
Highmori durch und wird aus der Nase entleert. Auf diese Weise
kommt eine Entzündung der Schleimhaut der Highmorshöhle, ein
Empyema antri Highmori zu Stande.

Auf die verschiedenen Ausgänge der Periostitis, welche den
Kieferknochen in Mitleidenschaft ziehen, wollen wir am Schluss des
Capitels noch ausführlich zurückkommen, nachdem wir zunächst die
Diagnose und Therapie der Peridentitis besprochen haben.

Diagnose.

Die Diagnose der verschiedenen Stadien der Peridentitis ergibt
sich aus den schon angegebenen Symptomen. Im Allgemeinen schliessen
wir auf Periostitis aus den Angaben des Patienten, wenn derselbe

klagt über einen bohrenden Schmerz von ununterbrochener Dauer, der sich Abends steigert, Nachts unerträglich wird, am Schlafen hindert, gegen Morgen wieder nachlässt, bei Kälte gemindert und bei Wärme erhöht wird, während bei der Pulpitis die Kälte sowohl, wie auch die Wärme einen Schmerzanfall hervorruft.

Wir erkennen die Periostitis bei der Untersuchung an der Empfindlichkeit des Zahns gegen Berührung, gegen Percussion und der Alveole gegen Druck. Diese Schmerzen sind besonders heftig im zweiten Stadium, wo bekanntlich gleichzeitig eine Lockerung des Zahns besteht.

Die Anschwellung und Fluctuation zeigt uns den Uebergang zur Eiterung, den Eintritt ins dritte Stadium an.

Prognose.

Die Prognose ist bei einwurzeligen Zähnen entschieden günstiger als bei mehrwurzeligen. Auch lässt sich eine Periostitis im Anfangsstadium viel leichter beseitigen und der Zahn antiseptisch füllen als später. Bei hochgradiger Eiterung ist derselbe sofort zu extrahiren, damit nicht ein ungünstiger Verlauf eintritt. Wenn sich erst eine Zahnfleischfistel ausgebildet hat, so kann der Zahn noch lange gebrauchsfähig bleiben. Auch macht diese so wenig Beschwerden, dass sie einer Behandlung nicht bedarf.

Therapie.

Bei der Behandlung von Zähnen, die an Periostitis erkrankt sind, müssen wir uns zu allererst die Frage vorlegen: „Ist der Zahn noch werth, erhalten zu werden und bietet eine conservative Behandlung Aussicht auf Erfolg?"

Vordere einwurzelige Zähne, die für Aussehen und Sprache wichtig sind, durch deren Entfernung die erste Lücke vorn geschaffen würde, müssen wir besonders in den Anfangsstadien der Periostitis möglichst zu erhalten suchen, denn wir können es ganz gut bei dem heutigen Stande der zahnärztlichen Wissenschaft mit Hilfe einer rationellen Antiseptik. Hintere Zähne dagegen müssen, wenn dieselben an sich schon schlecht sind, zumal bei schon vorhandener Eiterung, sofort extrahirt werden. Sind sie noch gut und liegen zwingende Gründe zu ihrer Erhaltung vor, so können wir auch hier in den Anfangsstadien versuchen, dieselben zu conserviren.

Die Behandlung muss stets vom Wurzelcanal aus erfolgen. Wir unterstützen dieselbe äusserlich durch eine kräftige Blutentziehung aus dem Zahnfleisch mit mehreren Blutegeln und durch die Anwendung von Kälte, indem wir Eisstücke auf das Zahnfleisch neben den erkrankten Zahn legen. Auch die Jodtinctur ist ein gutes Mittel zur Unterstützung. Wir bepinseln Abends und Morgens die Umgebung des erkrankten Zahns und erreichen durch die oberflächliche Irritation des Zahnfleisches, durch die Anätzung des Schleimhautepithels eine Ableitung der in der Tiefe des Knochens bestehenden Hyperämie. Man verwendet reine Jodtinctur oder verschreibt folgendes Recept:

Rp.
> Tinct. Jod.
> Tinct. Aconit. āā 3·0
> Morph. mur. 0·1
> MDS. Zum Pinseln.

Bei beginnender Eiterung und Fieber versucht man durch ein leichtes Abführmittel eine Ableitung auf den Darmcanal.

Soll trotz schon bestehender Abscedirung der Zahn nicht extrahirt werden, so müssen wir durch eine kräftige Incision dem Eiter Abfluss verschaffen. Ist aber irgend welche Gefahr im Anzuge, so ist vor allen Dingen der Zahn zuerst zu extrahiren.

Ist die Periostitis durch ein Allgemeinleiden hervorgerufen, so ist hauptsächlich dieses zu behandeln. Bei Hydrargyrose gibt man Kali chloricum.

Kommen wir jetzt zu der bei der Conservirung an Periostitis erkrankter Zähne wichtigsten Behandlung vom Wurzelcanal aus, so müssen wir hier zunächst den Zustand der Pulpa berücksichtigen.

Wir setzen den Fall, dass Pulpa und Wurzelhaut gleichzeitig entzündet und schmerzhaft sind. Wir constatiren die Pulpitis dadurch, dass wir die hochgeröthete Pulpa in der geöffneten Pulpakammer vor uns sehen und die Periostitis durch Percussion des Zahns. Der Patient reagirt auf dieselbe und gibt an, dass der Zahn ihm länger zu sein scheine.

Wir haben zuerst unser Augenmerk auf die Behandlung der Pulpitis zu richten. Wir legen Arsenpasta ein und lassen dieselbe etwa 24 Stunden, aber keinenfalls länger liegen. Dann extrahiren oder amputiren wir die Pulpa. Dabei will ich übrigens bemerken, dass man auch sehr oft in der Lage ist, namentlich bei unteren Molaren, nach der Amputation die Pulpastümpfe mit dem Extractor aus beiden Wurzelcanälen zu entfernen, besonders wenn wir eine grosse centrale Cavität vor uns haben, sowie bei oberen Molaren den Pulpastumpf der mesialen Wurzel. Dies ist natürlich immer vortheilhafter, aber besonders bei gleichzeitiger Periostitis, weil wir dann die entzündete Wurzelhaut direct behandeln können.

Jetzt dürfen wir den Zahn nicht sofort antiseptisch füllen, wie wir es bei einfacher Pulpitis zu thun gewöhnt sind, sondern müssen zunächst noch die Entzündung der Wurzelhaut heben. Zu diesem Zweck fülle ich den mit Sublimatspiritus wiederholt und gründlich desinficirten Wurzelcanal mit Jodoformpasta und Cocaïnkrystallen bis zur Wurzelspitze vollkommen aus, verschliesse die Höhle mit rothem Wachs oder Hill's Stopping und warte ein bis zwei Tage. Dazu gebe ich Jod zum Pinseln des Zahnfleisches zu beiden Seiten des kranken Zahns. In der Regel ist schon nach einigen Stunden jeglicher Schmerz verschwunden, so dass der Zahn auch gegen Percussion unempfindlich geworden ist. Dann kann ich nach der ersten Einlage schon definitiv füllen; wenn jedoch die Entzündung hartnäckiger ist, so wiederholt man das Verfahren, welches mit absoluter Sicherheit immer zum Ziele führt.

Ist die Pulpitis abgelaufen, die Pulpa abgestorben, gangränös zerfallen und durch die Sepsis im Wurzelcanal eine Entzündung der Wurzelhaut hervorgerufen, so müssen wir bei der Behandlung unterscheiden, in welchem Grade die Periostitis sich befindet.

Wenn die Alveole des betreffenden Zahns gegen Druck empfindlich ist, wenn wir also durch Streichen und Drücken des Zahnfleisches mit dem Finger Schmerz hervorrufen, dann ist die Wurzelhaut noch nicht in das eigentliche Stadium der Entzündung eingetreten, sondern sie ist nur irritirt. Wenn dagegen der Zahn schon gegen Percussion empfindlich ist, dem Patienten länger erscheint und beim Zusammenbeissen der Druck des Antagonisten Schmerzen verursacht, dann ist die Diagnose auf Entzündung der Wurzelhaut zu stellen. Besteht diese noch nicht lange Zeit, ist sie acut, dann mag sie sehr heftig sein, so ist sie doch, namentlich bei einwurzeligen Zähnen, stets zu heilen. Sogar chronische Periostitis ist, wenn sie nicht gerade so hochgradig, dass wir es mit einem grossen Eitersack an der Wurzelspitze zu thun haben, mit Cocaïn auch verhältnissmässig leicht zu bekämpfen.

Ueberhaupt lässt das Cocaïn sehr selten im Stich, wenn die Bedingungen sonst günstig sind, so dass man das Medicament direct mit der Wurzelhaut in Berührung bringen kann. Bedenklicher wird die Prognose schon, wenn die Fäulniss im Wurzelcanal sich durch die Wurzelöffnung auch auf das Knochenmark fortgepflanzt hat, Alveole und Kiefer angeschwollen sind und der cariöse Zahn bedeutend gelockert ist. Doch gebe ich selbst in solchen Fällen die Hoffnung nicht auf, wenn es ein oberer Schneide- oder Eckzahn ist und ich durch die cariöse Höhlung mit meinen Instrumenten bequem bis zur Wurzelspitze vordringen, den Nervcanal vollkommen reinigen und gründlich desinficiren kann.

Die Behandlung gestaltet sich derartig, dass ich zunächst das Operationsfeld säubere. Man muss hier so gut wie bei jedem chirurgischen Eingriff unter antiseptischen Cautelen operiren. Es wird die ganze Umgebung des Zahns und die gesammte Mundhöhle desinficirt, und zwar mache ich das mittelst der Bohrmaschine durch Bürsten des Zahnfleisches und sämmtlicher Zähne, die mit Zahnstein und zähem Schleim in Folge längeren Nichtgebrauchs belegt sind, mit der vorn angegebenen spirituösen Mundtinctur. Vorher lege ich einen Wattebausch oder ein Stück Zunder, getränkt mit Sublimatspiritus, zur vorläufigen Desinfection in die Cavität. Danach wird zunächst die cariöse Höhlung vollständig von allen fauligen Bestandtheilen und jeglichem erweichten Dentin gesäubert und zugleich derartig erweitert, dass der Zugang zum Pulpencanal offen vorliegt. Die jauchige und zersetzte Pulpa wird mit alten Nervextractoren vollständig entfernt, eventuell der Canal mit langen elastischen Wurzelfraisen etwas erweitert. Zu beachten ist dabei, dass die Instrumente zuerst nicht ganz bis zur Wurzelspitze hinaufgeführt werden, damit kein fauliges Secret durch die Oeffnung in der Wurzelspitze in die Alveole getrieben wird.

Aus dem Grunde ist auch das Auspumpen der Wurzelcanäle mittelst Nervextractoren, die mit Baumwolle umwickelt sind, zu vermeiden und statt dessen die Spritze mit warmem Wasser fleissiger zu gebrauchen. Ist der Canal vollkommen rein, so wird er bis zur Spitze mit Sublimatspiritus desinficirt. Womöglich ist von jetzt ab sorgfältig zu verhindern, dass Speichel in den Canal eindringt. Ich thue dies, indem ich die Cavität durch Zunder, der mit Sublimatspiritus getränkt ist, verschliesse, bis alle weiteren Vorbereitungen getroffen sind.

Diese bestehen darin, dass ich mir einen feinen Wattestreifen präparire, ihn mit concentrirter Carbolsäure befeuchte und mit Cocaïnkrystallen sättige. Statt der Carbolsäure könnte man auch Sublimatspiritus nehmen. Es kommt nur darauf an, dass neben dem Cocaïn, welchem doch zunächst die Hauptaufgabe zufällt, nämlich die durch die Entzündung der Wurzelhaut hervorgerufenen Schmerzen zu beseitigen, auch ein Desinficiens im Wurzelcanal vorhanden ist, damit gleichzeitig die Sepsis bekämpft wird. Diesen Streifen Baumwolle schiebe ich also in den Nervcanal bis zur Wurzelspitze und verschliesse mit einem losen Wattepfropf, der mit Collodium getränkt ist. Lose muss er sein, damit Gase, die sich etwa bilden sollten, freien Durchtritt haben. In der Regel verschwinden schon nach wenigen Stunden die Schmerzen, während die Sepsis und der Fäulnissgeruch oft noch einige Tage fortbestehen. Am nächsten Tage wiederhole ich genau dasselbe Verfahren nochmals oder greife zum Jodoform mit

Cocaïn, bis ich nach einer geringen Zahl von Sitzungen den Wurzel-canal schon definitiv mit reiner Jodoformpasta füllen kann.

Dies Verfahren habe ich seinerzeit im „Correspondenzblatt" ver-öffentlicht, an verschiedenen Beispielen klargelegt und in meiner Praxis seither stets mit gutem Resultat angewandt.

Ostitis.

Wie wir gesehen haben, ist bei jeder Peridentitis das die Wurzel umgebende Knochenmark immer mehr oder weniger an der Entzündung betheiligt. Es besteht gleichzeitig eine Osteomyelitis.

Wenn nun die Wurzelhautentzündung längere Zeit im Stadium der Eiterung besteht, ohne dass der Zahn extrahirt wird, so wird das Knochenmark in grösserer Ausdehnung infiltrirt und es entsteht jetzt eine Entzündung des Kieferknochens selbst, eine Ostitis.

Meistens wird der Unterkiefer von der Ostitis betroffen, weil durch die dicke Rinde des Unterkieferkörpers der Durchbruch des Eiters nur langsam vor sich geht, während im Oberkiefer der Eiter sich senkt und durch die dünne Knochenrinde leichter durchbricht. Es entsteht dann eine umfangreiche Anschwellung der Weichtheile und des Kieferknochens.

Die Geschwulst ist sehr hart, da der Knochen selbst aufgetrieben ist und bei Berührung äusserst schmerzhaft. Die Beweglichkeit des Unterkiefers ist auch in hohem Grade beschränkt und bei einer vom Weisheitszahn ausgehenden Ostitis entsteht sogar eine vollständige Ankylose.

Der erschwerte Durchbruch unterer Weisheitszähne, bedingt durch Raummangel und das besonders am aufsteigenden Ast sehr dicke und straffe Zahnfleisch, kann die Ursache einer sehr heftigen Ostitis mit hochgradiger Ankylose und gleichzeitiger Angina sein.

Bei der Ostitis besteht gewöhnlich ziemlich hohes Fieber, allge-meines Unwohlsein, Appetitlosigkeit und grosse Mattigkeit.

Die Schmerzen lassen schon nach, wenn die Ostitis den Ausgang in Eiterung genommen hat und auch das Fieber hört auf, sobald der Eiter den Knochen perforirt oder sich irgend einen Ausweg zum Abfluss verschafft hat.

Der Eiter kann neben dem Zahnhals abfliessen und entleert sich nach der Extraction des Zahns dann aus der Alveole. Bei oberfläch-licher Entzündung bildet sich auch bei der Ostitis eine Parulis und der Eiter durchbricht das Zahnfleisch, oder wenn er den Knochen perforirt und sich unter das Periost ergiesst, so entsteht auch hier ein subperiostaler Abscess mit nachfolgender Nekrose des Knochens oder mit Bildung einer Zahnfistel.

Die acute Entzündung der Kieferknochen heilt in der Regel, wenn man den veranlassenden Zahn extrahirt und so dem Eiter einen Abfluss verschafft oder wenn dieser sich selbst einen Ausweg gebahnt hat. In seltenen Fällen aber ist auch der Tod durch Pyämie eingetreten.

Die acute Ostitis kann in die chronische Form übergehen, wenn der schuldige Zahn nicht extrahirt wird und der Durchbruch des Eiters nur sehr langsam sich vorbereitet.

Die Behandlung der Ostitis besteht vor allen Dingen in der Extraction des betreffenden Zahns. Ist die Ostitis hervorgerufen durch einen in Folge von Raummangel am Durchbruch verhinderten Weisheitszahn, so ist man mitunter gezwungen, um Platz zu schaffen und die Ursache der Ostitis zu beseitigen, den zweiten Molaren zu entfernen.

Der früher weit verbreitete Irrglaube, dass bei bestehender Anschwellung ein Zahn nicht ausgezogen werden dürfe, ist doch glücklicherweise allmählich im Aussterben begriffen. Allerdings wird auch heute noch zum grössten Nachtheil der Patienten von manchem praktischen Arzt eine Ostitis palliativ behandelt mit Kataplasmen und Incisionen ins Zahnfleisch, wonach eine Zahnfistel der regelmässige Erfolg ist. Deshalb fort mit den Kataplasmen, fort mit dem Messer, die Zange zur Hand und heraus mit dem Zahn. Es ist, um Unheil zu verhüten, unbedingt erforderlich, zu allererst den Zahn zu entfernen.

Nach Beseitigung der Ursache gehen alle Symptome in eclatanter Weise zurück. Der Eiter fliesst aus der Alveole, aus der Extractionswunde ab oder kann ausgespritzt werden bei gleichzeitiger Incision in eine etwa vorhandene Parulis. Die bei und nach der Extraction allerdings sehr heftigen Schmerzen lassen bald nach, das Fieber hört auf und der Appetit stellt sich wieder ein.

Erst mit Extraction des veranlassenden Zahns ist das Leiden gehoben, da die Anwendung aller in der Chirurgie gegen diese Leiden angewandten Mittel bei der Behandlung entzündeter Kieferknochen werthlos ist.

Zur Erweichung und Zertheilung der Geschwulst kann man noch Kataplasmen verordnen, aber immer erst nach Extraction des Zahns, d. h. nach Beseitigung der Ursache und nachdem eine Abflussöffnung für den Eiter hergestellt ist.

Wenn auf diese Weise eine Ostitis nicht rechtzeitig beseitigt wird, so hat sie unbedingt Nekrose oder Fistelbildung zur Folge. Wenn das Kieferperiost durch den aus dem Knochen ausgetretenen Eiter in grösserer Ausdehnung abgehoben und der Kiefer an dieser Stelle nicht mehr ernährt wird, so kommt es zur Nekrose.

Nekrose.

Wir haben es in den meisten Fällen mit einer Alveolar-nekrose, selten mit einer wirklichen Kiefernekrose zu thun. Die Umgebung sucht den Sequester auszustossen und bildet um den-selben eine Todtenlade aus neuer Knochensubstanz, wodurch das abgestorbene Kieferstück losgetrennt wird. Es wird jetzt ausgestossen oder kann entfernt werden, worauf dann die Heilung bei der vorzüg-lichen Regenerationsfähigkeit der Kieferknochen sehr schnell erfolgt.

Die Behandlung besteht wieder in der Extraction des betreffen-den Zahns und in der Entfernung des Sequesters. Bei umfangreicher Kiefernekrose muss der Patient einem Chirurgen zur Behandlung überwiesen werden.

Die früher so häufige Phosphornekrose, welche bei Arbeitern der Zündholzfabriken auftrat und von defecten Zähnen ausging, kommt heute eigentlich nicht mehr vor.

Eine Caries der Kieferknochen ist sehr selten, weil Mark und Periost immer zuerst ergriffen und der Knochen, auf diese Weise seiner Ernährungsquellen beraubt, nekrotisch wird.

Zahnfistel.

Eine weitere Folge lang andauernder Ostitis ist die Zahnfistel. Die Veranlassung zu derselben ist also auch hier ebenso wie bei der Zahnfleischfistel ursprünglich eine Peridentitis. Bei ober-flächlicher Entzündung kommt, wie wir gesehen haben, eine Durch-bohrung des Alveolartheiles zu Stande mit Ausgang in die Zahnfleisch-fistel. Bei tiefgreifender Entzündung kommt es zur Ostitis, zur Durchbohrung des Knochens selbst und zur Bildung einer Zahnfistel. Die Zahnfistel mündet zur Unterscheidung von der Zahnfleischfistel stets in der äusseren Haut. Der Eiter sucht sich nach Durchbohrung des Knochens und des Periostes einen Weg zwischen den verschie-denen Muskeln, folgt theils dem Muskelzug, theils seiner eigenen Schwere, zerstört die Fascien und bildet ein röhrenförmiges Geschwür, bis er an irgend einer Stelle zur äusseren Haut gelangt. Diese ent-zündet sich an der betreffenden Stelle, wird vorgewölbt und stark geröthet. Nach einigen Tagen zeigt sich Fluctuation, die Haut ist stark verdünnt und der Durchbruch jetzt unvermeidlich.

Es entsteht ein röhrenförmiges Geschwür, Ulcus fistulosum, das sich vom Ulcus simplex zum erethicum, torpidum und callosum ausbildet.

Da eine Ostitis häufiger am Unterkiefer auftritt, so finden wir eine Zahnfistel auch meistens am Unterkiefer. Wenn sie von den vorderen Zähnen herrührt, so mündet sie gewöhnlich unter dem Kinn, kommt sie von den Molaren, so findet sich ihr Austritt am horizontalen Ast. In seltenen ungünstigen Fällen aber tritt der Eiter zwischen die Muskeln, folgt dem Musculus sterno-cleidomastoideus und bricht tief unten am Halse oder an der Brust nach aussen durch. Er kann aber auch in den Thorax eindringen, Lunge und Pleura in Mitleidenschaft ziehen und so einen letalen Ausgang bedingen.

Bei der Therapie ist zu beachten, in welchem Stadium wir die Fistel finden. Wenn sich am Kiefer ein Senkungsabscess bildet und noch irgend welche Aussicht auf Vermeidung des Durchbruches besteht, dann legen wir nach Extraction des Zahns einen Druckverband aus Heftpflasterstreifen an, pinseln die äussere Haut mit Jod oder reiben sie ein mit Jodkaliumsalbe zur Beförderung der Resorption. Die Extractionswunde wird zur Entfernung des Eiters tüchtig ausgespritzt. Ist der Durchbruch aber schon unvermeidlich, dann wird nach Extraction des Zahns eine Incision gemacht, der Eiter ausgespritzt und ein antiseptischer Verband angelegt. Die Heilung erfolgt sehr bald.

Besteht schon eine Fistelöffnung, ist der Durchbruch aber erst vor kurzer Zeit eingetreten, so heilt die Fistel oft spontan nach Beseitigung der Ursache, nach Extraction des Zahns. Die Eiterabsonderung wird immer geringer und hört bald ganz auf, während der Fistelgang sich mit Wucherungen anfüllt. Hat die Fistel schon längere Zeit bestanden, ist sie zu einem Ulcus callosum geworden, dann nimmt die Behandlung längere Zeit in Anspruch. Durch Einspritzen von Jodtinctur ruft man nach Extraction des Zahns eine verstärkte Eiterung hervor und zerstört auf diese Weise die verdickten Wandungen, den callösen Strang.

Wenn bei Durchbohrung des Ductus Stenonianus eine Complication mit einer Speichelfistel besteht, oder wenn bei ausgedehnten Fisteln durch den Eintritt des Eiters in die Brusthöhle oder durch die umfangreiche Eiterung selbst Gefahr für das Leben droht, dann ist der Patient unverzüglich einem Chirurgen zur Behandlung zu überweisen.

Empyema antri Highmori.

Wie wir schon wissen, tritt am Oberkiefer eine Ostitis viel seltener auf, da der von der Peridentitis und Osteomyelitis producirte Eiter sich gewöhnlich senkt, den Alveolartheil mit dem Zahnfleisch durchbricht und eine Zahnfleischfistel verursacht. Es besteht hier aber eine andere Gefahr. Der Eiter kann in das Antrum Highmori durchbrechen.

Zwischen den Wurzeln der beiden ersten oberen Molaren und dem Boden der Highmorshöhle liegt nur eine ganz dünne Knochenlamelle. Ja in manchen Fällen kann eine Wurzel sogar in die Höhle hineinragen, und ist an ihrer Spitze nur von einer papierdünnen Knochenwand und von der das Innere der Höhle auskleidenden Schleimhaut bedeckt. Letztere betheiligt sich dann natürlich direct an der Entzündung oder wird eben bald durch den Durchbruch des Eiters in Mitleidenschaft gezogen, so dass auf diese Weise eine consecutive Entzündung der Highmorshöhle entsteht.

Diese kann jedoch auch durch eine katarrhalische Entzündung der Nasenschleimhaut oder durch ein Trauma von aussen oder endlich in Folge einer Alveolarfractur bei unvorsichtiger Extraction oberer Molaren hervorgerufen werden. Wird diese Entzündung chronisch, dann ist ein Empyema antri die Folge.

Dasselbe charakterisirt sich durch den Ausfluss eines übelriechenden, eiterigschleimigen Secrets aus der Nasenhöhle der betreffenden Seite. Der Patient bemerkt es besonders Nachts, wenn er auf dieser Seite liegt oder auch am Tage beim Ausschnauben der Nase. Er findet auf seinem Kopfkissen und im Taschentuch grüngelbe Flecken. Der Eiter wird stinkend bei der feuchten Wärme und dem Zutritt äusserer Luft.

Als weitere Symptome gesellen sich hierzu ein dumpfer Schmerz im Oberkiefer und eine Schwellung der Facial- und Gaumenwand. Bei längerem Bestehen können die Knochenwände so dünn werden, dass man bei Druck Pergamentknittern nachweisen kann.

Anschwellung und Schmerzen sind gewöhnlich nur bei der acuten Entzündung vorhanden. Sie fehlen beim Empyem oft ganz, aber dann genügt der Abfluss des stinkenden Secrets aus der Nase schon vollkommen zur Sicherung der Diagnose.

Die acute Entzündung heilt nach Extraction des Zahns und mehrfach wiederholter Ausspritzung der Highmorshöhle mit irgend einem Desinficiens gewöhnlich nach wenigen Tagen.

Die Behandlung des Empyems dagegen nimmt längere Zeit in Anspruch. Sie besteht in der Extraction des betreffenden kranken Zahns oder seiner Wurzelreste, Eröffnung des Antrum Highmori vom Munde aus durch die Extractionswunde vermittelst eines Troiscart, Ausspritzen des sehr übelriechenden Eiters und Abschluss mittelst eines Alveolar-Obturators, welcher in die Höhle hineinragt, den Zugang zu derselben offen hält und gleichzeitig durch eine Platte verschliesst, deren an den Nachbarzähnen befestigte Klammern den ganzen Apparat in situ erhalten. Am wichtigsten bei der Behandlung ist der Abschluss der Highmorshöhle von der Mundhöhle durch eine den Verhältnissen angepasste Bandage, damit nicht eindringende Speisereste das Ausheilen der Höhle verhindern oder verzögern und anfangs mehrmaliges, tägliches Reinigen mit desinficirenden Mitteln,

7 *

Ausspritzen des sich stets von neuem ansammelnden Secrets. Das Ausspritzen kann der Patient sich dann leicht selbst machen. Constant ist dabei ein auffallend langsames, nur ganz allmähliches Nachlassen der abnormen Secretion der die Höhle auskleidenden Schleimhaut zu beobachten, was Wochen und Monate dauern kann.

Bei richtiger Behandlung jedoch ist die Prognose eine durchaus günstige, und jedenfalls ist schon gleich nach der allerdings schmerzhaften Operation dem Patienten ein erträglicher Zustand geschaffen, da nach Entleerung des Eiters der dumpfe, klopfende Schmerz und der stinkende Ausfluss aus der Nase sofort aufhören. Auch wird ein richtig angefertigter Obturator gleich ohne alle Beschwerden getragen.

IX. CAPITEL.

Extraction.

Wenn wir auch die möglichste Erhaltung kranker Zähne durch eine rationelle, wissenschaftliche Behandlung als erste und wichtigste Aufgabe der Zahnheilkunde, wie sie heute geübt wird oder doch werden sollte, ansehen müssen, so gibt es trotzdem noch immer Zähne genug, welche nicht zu retten sind (meistens allerdings, weil sie durch eigene Schuld des Besitzers zu spät in unsere Behandlung kommen) und welche deshalb ohne Gnade der Zange anheimfallen, so dass die Extraction eine vom Zahnarzt täglich vorzunehmende Operation ist.

Indicationen.

Wie wir im fünften Capitel schon gezeigt haben, ist die vorzeitige Extraction der Milchzähne möglichst zu vermeiden. Dieselben sind vor der Zeit des Wechsels nur dann zu extrahiren, wenn eine hochgradige Wurzelhautentzündung mit starker Eiterung und Betheiligung des Kiefers besteht, so dass für die Gesundheit des Kindes oder den Bestand des bleibenden Zahns zu fürchten ist.

In der Zeit des Wechsels jedoch ist der Milchzahn sofort zu entfernen, wenn der bleibende ihn nicht verdrängt, sondern an einer anderen Stelle durchbricht oder wenn Platz geschaffen werden soll.

Auch für die bleibenden Zähne sind die Indicationen für die Extraction an Zahl viel geringer geworden, da wir heute manchen schmerzenden Zahn füllen und dadurch wieder gebrauchsfähig machen können, welcher früher einfach entfernt werden musste, weil man kein anderes Mittel zur Beseitigung des Schmerzes kannte.

Krankheiten der Pulpa z. B. bilden heute keine Indication mehr für die Extraction, da wir die Behandlung pulpakranker Zähne bereits kennen gelernt haben. Sollen jedoch nur die Schmerzen mit Arsenpasta beseitigt, die Zähne selbst aber nicht gefüllt werden, dann muss man solche Fäulnissherde mit Rücksicht auf andere gesunde Zähne unbedingt aus der Mundhöhle entfernen.

Auch die Periostitis ist in ihren Anfangsstadien, wie wir wissen, verhältnissmässig leicht zu bekämpfen, ja selbst eine hochgradige Entzündung der Wurzelhaut berechtigt nicht zur Extraction des Zahns, wenn derselbe einwurzelig und einer Erhaltung werth ist, da auch diese Zähne nach Beseitigung der Schmerzen mit Cocaïn antiseptisch behandelt und noch gefüllt werden können.

Erst wenn eine Anschwellung und Eiterung vorhanden, oder wenn der Kiefer in Mitleidenschaft gezogen ist, müssen wir, wie es im letzten Capitel gezeigt wurde, sofort zur Extraction schreiten, um die Bildung von Zahnfisteln zu verhüten.

Eine erst ausgebildete Zahnfleischfistel dagegen macht so wenig Beschwerden, dass sie einer Behandlung kaum bedarf und jedenfalls keine Indication ist für die Extraction eines sonst noch gebrauchsfähigen Zahns.

Die Indicationen für die Extraction der Zähne haben wir im Allgemeinen schon bei Besprechung der Periostitis mit ihren Folgezuständen kennen gelernt. Hier wollen wir dieselben nur noch ganz kurz wiederholen.

Die Extraction ist unbedingt angezeigt bei:

> Zahnfleischabscessen (Parulis),
>
> Ostitis,
>
> Nekrose,
>
> Zahnfistel,
>
> Entzündung des Antrum

und schliesslich im Interesse der Gesundheit überhaupt für alle cariösen Zähne und Wurzeln, die sich nicht mehr füllen lassen, besonders bei der Vorbereitung des Mundes zur Anfertigung von Ersatzstücken. Ja man kann sogar in die Lage kommen, gesunde Zähne extrahiren zu müssen, wenn sie überzählig oder abnorm gestellt sind. Im letzteren Falle wird dann entweder der dislocirte Zahn selbst oder, um für diesen Platz zu schaffen, ein anderer, gewöhnlich der erste Molar entfernt.

Die ersten Molaren sind, wie wir aus dem fünftel Capitel wissen, im kindlichen Alter sehr oft zu extrahiren, um Platz zu schaffen, oder weil sie eben häufig schon früh so cariös sind, dass an eine dauernde Erhaltung derselben doch nicht mehr zu denken ist.

Ferner kommen wir nicht selten in die Lage, obere Weisheitszähne, die, weil sie klein sind und nach aussen oder hinten stehen,
zum Kauen untauglich sind, zu entfernen, sobald sie erkranken, da es
räumlich unmöglich ist, dieselben zu füllen.

Untere Weisheitszähne sind bei Raummangel und erschwertem
Durchbruch zu extrahiren oder, wenn dies unmöglich ist, statt ihrer
die zweiten Molaren.

Contraindicationen.

Früher wurde eine bestehende Anschwellung als Contraindication
angesehen. Es ist dies eine aus der Zeit des Schlüssels stammende
Ueberlieferung, die bei unserem fein ausgebildeten Instrumentarium
heute durchaus hinfällig ist.

Weil der Schlüssel eine bedeutende Quetschung der Umgebung
bedingt und die Extraction mit demselben deshalb in hohem Grade
schmerzhaft und auch gewöhnlich von einer starken Anschwellung
gefolgt ist, so wurde früher bei der Schwangerschaft verweigert, einen
schmerzenden Zahn zu extrahiren.

Heute aber ist weder Menstruation noch Schwangerschaft, noch
Wochenbett und Lactation eine unbedingte Contraindication. Der
kurze Schmerz bei einer mit der nöthigen Vorsicht und Schonung
geschickt ausgeführten Extraction ist lange nicht so schlimm wie
anhaltende Zahnschmerzen bei solchem Zustand. Auch lässt sich im
Nothfall ja die Narkose anwenden. Selbst die Hämophilie ist keine
Contraindication, wenn nur die Blutung nachher mit Sorgfalt ge-
stillt wird.

Für einen tüchtigen, gewissenhaften und vorsichtigen
Arzt, der in schonender Weise seine Patienten von ihren
Schmerzen befreien will, gibt es überhaupt **keine** Contra-
indicationen, welche eine Zahnextraction absolut verbieten,
wenn auf andere Weise der Schmerz nicht zu beseitigen ist.

Ausführung der Operation.

Wenn nun der Beschluss gefasst ist, einen Zahn zu extrahiren,
so muss man denselben vorher nochmals genau untersuchen, um sich
möglichste Gewissheit zu verschaffen, ob die Extraction schwierig
oder leicht sein wird, ob der Zahn noch fest sitzt oder gelockert ist,
ob er morsch oder widerstandsfähig, ob er auf einmal entfernt werden
kann, oder ob jede Wurzel für sich extrahirt werden muss, denn
danach richtet sich die Wahl der Zange und die Ausführung der
Operation.

Ist die Krone so defect, dass sie bei der Extraction voraus-
sichtlich brechen wird, so ist es besser, den Patienten vorher davon
in Kenntniss zu setzen, ohne ihn gerade ängstlich zu machen. Besteht
ein fester Zusammenhang zwischen den Wurzeln nicht mehr, so greift
man lieber gleich von vornherein zur Wurzelzange.

Bei besonders kräftiger Entwickelung der Kieferknochen sind
die Alveolarwände so fest, dass sie bei den Luxationsbewegungen
nicht nachgeben. Hier kann die Extraction deshalb einen ungewöhn-
lich grossen Kraftaufwand erfordern, den die Wurzel nicht immer
erträgt.

Dasselbe kann bei sehr gedrängter Stellung der Zähne der
Fall sein. Es ist daher gut, sich vorher auf eine Fractur gefasst
zu machen und mit möglichster Ruhe und Vorsicht zu Werke zu
gehen. Dislocirte Zähne sind mitunter schwierig mit der Zange zu
fassen.

Daneben gibt es andere Schwierigkeiten, welche sich nicht voraus
sehen lassen. Die Wurzeln können abnorm lang, stark gekrümmt,
durch Exostose verdickt, divergirend oder schliesslich mit der Wurzel
des Nachbarzahns verwachsen sein.

Bei der Voruntersuchung sind aber nicht allein die bei der Extraction etwa auftretenden Schwierigkeiten zu berücksichtigen,
sondern es ist auch zu constatiren, ob ein Zahn sehr leicht zu
extrahiren ist.

Die ersten bleibenden Zähne sind im jugendlichen Alter, so lange
die Alveolen noch nachgiebig, gewöhnlich recht leicht zu entfernen.
Wenn Zähne stark gelockert sind, sei es durch eine hochgradige
Periostitis oder im Alter durch den Schwund der Alveolen, dann
braucht die Zange nicht so gewaltsam ins Zahnfleisch hineingedrückt
zu werden, sondern umfasst nur leicht den Zahn, um dem Patienten
unnöthige Schmerzen zu ersparen. Auch können lose Milchzähne
bei Kindern absolut schmerzlos entfernt werden, da die Zange das
Zahnfleisch gar nicht zu berühren braucht.

Der Arzt steht immer rechts neben dem Patienten, nur wenn
ein Zahn links unten zu extrahiren ist, steht er links daneben.
Der Patient, selbst wenn es ein Kind ist, muss vorher wissen,
dass der Zahn extrahirt werden soll, aber man hält die Zange möglichst verborgen, um ihn nicht zu erschrecken und zeigt sie nur,
wenn es verlangt wird und zur Beruhigung dienen kann. Der Kopf
des Patienten muss fest im Kopfhalter liegen und wird durch den
linken Arm des Operateurs gehalten, wobei die linke Hand bei Extractionen im Oberkiefer den Oberkiefer recht fest hält und mit den
Fingern Lippe und Wange beiseite drängt, um einen freien Ueberblick zu gewähren.

Soll ein Zahn rechts unten extrahirt werden, so legt sich der linke Arm ebenfalls um den Kopf des jetzt tiefer sitzenden Patienten, der Daumen auf die vorderen Zähne und die vier Finger unter das Kinn, so dass dadurch der Kopf gegen den Kopfhalter fixirt ist. Bei Extractionen links unten steht der Arzt, wie schon erwähnt, links neben dem Patienten und fasst dessen Unterkiefer von vorn mit der linken Hand, Daumen auf den vorderen Zähnen und die vier Finger unter dem Kinn fest und sicher.

Die volle rechte Hand umfasst die Zange. Bei Extractionen im Oberkiefer liegt die Zange in der flachen Hohlhand so, dass die vier Finger die Branchen umschliessen und mit dem von oben umgreifenden Daumen das Oeffnen und Schliessen besorgen. Der Rücken der Hand zeigt nach abwärts und die Hand ist im Gelenk so gedreht, dass die Längsachse des Zahns mit der Längsachse der Zange eine Linie bildet.

Die Zangen für den Unterkiefer werden gleichfalls mit der vollen Hand gefasst, nur ist hier der Rücken der Hand nach oben gekehrt. Der Schnabel der Zange wird senkrecht über dem Zahn angesetzt und muss stets mit der Längsachse des Zahns eine Linie bilden, während die Handgriffe der Zange zu dem Zahn in einem rechten Winkel stehen.

Die Extraction selbst zerfällt in drei Abschnitte, und zwar:

das Anlegen der Zange,
die Luxation des Zahns und
die eigentliche Extraction.

Die Zange wird weit geöffnet, dem Zahne leicht angelegt und am Zahnfleischrande lose geschlossen, ohne noch irgend welche Schmerzen zu machen.

Gewöhnlich machen Anfänger den Fehler, dass sie die Zange nicht weit genug öffnen, sondern hauptsächlich bei Wurzeln mit den Spitzen des Zangenmaules unsicher im Zahnfleisch herumstochern. Befindet die Zange sich nun in der richtigen Lage, dann erst wird sie mit unnachsichtig festem Druck ohne Aengstlichkeit dem Zahn entlang sicher, schnell und kräftig unter das Zahnfleisch bis zur Alveole geschoben, der Zahnhals fest gepackt und jetzt die Luxation begonnen. An der Alveole findet die Zange einen unüberwindlichen Widerstand und kann dem Zahn entlang nicht weiter hinauf-, respective hinabgeschoben werden. Zwischen Alveolarwandung und Zahn lässt sie sich nicht hineindrängen. Bei widerstandsfähigen Zähnen genügt es auch vollkommen, wenn nur der Zahnhals fest gepackt ist. Sind jedoch die Zähne sehr defect, so kann man unter dem Zahnfleisch die Zange ganz wenig über die Alveole schieben und von letzterer ein kleines Stückchen mit entfernen.

Die Luxationsbewegungen werden zuerst vorsichtig und langsam mit steigender Kraft ausgeführt, um ein allmähliches Nachgeben der Alveolarwandungen zu erzielen. Bei zu plötzlicher Gewalt muss entweder der Zahn oder die Alveole brechen. Man luxirt zuerst nach aussen, dann nach innen und wiederholt diese Bewegung, bis der Zahn gelockert ist.

Bei einwurzeligen Zähnen kann man auch rotiren. Doch gilt dies nur für obere Schneide- und Eckzähne. Dabei muss die Zange den Zahn so fest packen, dass sie sich nicht allein dreht. Zahn und Zange müssen eins sein. Ohne den Zahn darf die Zange sich nicht bewegen. Sie darf sich nicht, wie es bei Anfängern oft der Fall ist, um den Zahn drehen oder an ihm sich bewegen.

Bei Bikuspidaten darf man niemals Rotationsbewegungen machen, da die Wurzel des ersten getheilt und die des zweiten abgeplattet sein kann.

Untere einwurzelige Zähne lassen sich schon der Form der Zange wegen nicht rotiren, sondern müssen stets nach aussen und innen luxirt werden.

Man muss bei jeder Extraction den Zahn immer im Auge behalten und alle seine Bewegungen mit Ruhe und kaltem Blut verfolgen. Gibt er bei den Luxationsbewegungen nicht nach, dann drückt man die Zange nochmals fest hinauf, ohne sie loszulassen oder vom Zahn zu entfernen. Vor allen Dingen muss man auch den Kopf des Patienten mit der linken Hand unbeweglich fest halten, weil dann alle mit der Zange ausgeführten Hebelbewegungen viel erfolgreicher wirken können und weniger Kraft erforderlich ist.

Nach der Luxation wird der Zahn in der Richtung seiner Längsachse durch einige kurze und schnelle Bewegungen leicht entfernt.

Der Anfänger zieht gewöhnlich an dem Zahn, ehe derselbe vollkommen luxirt ist. Dann gleitet die Zange ab oder die Krone wird zusammengedrückt. Man darf niemals einen Zahn ausziehen wollen, ehe er luxirt ist. Die Zange muss im Gegentheil während der Luxation immer noch fest nach oben, respective nach unten gedrückt werden, weil dann eine Fractur viel leichter vermieden wird.

Wenn die Zähne zu defect sind, dann müssen sie resecirt werden, doch darf dies nur im Nothfall geschehen, wenn der Zahnhals keinen festen Widerstand mehr bietet. Bei oberen vorderen Wurzeln, die sehr morsch sind, kann die Zange unter dem Zahnfleisch über die Alveole geschoben werden, so dass von letzterer ein Stück mit entfernt wird, was ganz ohne Belang ist. Jedenfalls ist es besser, als wenn ein ganzes Stück Zahnfleisch mitsammt der Alveolarwandung herausgeschnitten wird.

Instrumentarium.

Die Zange muss dem anatomischen Bau des Zahns angepasst sein und dem Zahnhals genau anliegen. Für obere Zähne vorn sind die Zangen gerade, für hintere bajonettförmig und für untere rabenschnabelartig gebogen. Das Zangenmaul muss derartig construirt sein, dass es bei einwurzeligen Zähnen mit zwei concaven Branchen die eine Wurzel am Zahnhals umfasst, bei zweiwurzeligen mit je einer Spitze zwischen die beiden Wurzeln fasst und schliesslich bei dreiwurzeligen die eine Branche mit einer Spitze zwischen die zwei äusseren Wurzeln greift und die andere concave Branche die eine innere Wurzel umfasst.

Ich beschränke mich darauf, die Zangen abzubilden und will nicht die Extraction der einzelnen Zahngattungen speciell weitläufig schildern, weil es doch nur eine Wiederholung des schon allgemein Gesagten sein würde. Auch wird die Extraction der Zähne nicht aus einer noch so ausführlichen Beschreibung gelernt, sondern sie muss gesehen und viel geübt werden, bis sie kunstgerecht und vollendet ausgeführt werden kann.

Wer mit Nachdenken die Abbildungen der Zangen betrachtet, die Form des Zahns und seinen Sitz im Munde sich vergegenwärtigt, der lernt dabei mehr als beim Lesen langer Abhandlungen über die Ausführung der Operation. Zum besseren Verständniss und zur Recapitulation sind die Zähne in toto noch einmal abgebildet, gleichzeitig mit Querdurchschnitten, um die Form ihres Halses, wo die Zange angelegt werden soll, zu zeigen.

Fig. 95.

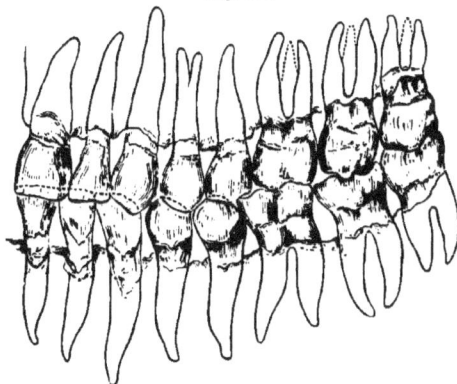

Anlegen der Zange am Zahnhals.

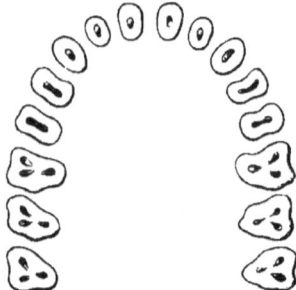

Querdurchschnitte an dem Zahnhalse der im Oberkiefer befindlichen Zähne.

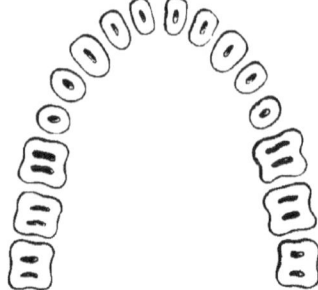

Querdurchschnitte an dem Zahnhalse der im Unterkiefer befindlichen Zähne.

A. Resections- und Extractionszangen für Zähne des Oberkiefers.

Fig. 98.

Fig. 98. Zange zur Extraction und Resection oberer Schneidezähne, Eckzähne und oberer Bikuspidaten. Bei der Extraction ist diese Zange vorzüglich. Beide Branchen werden hier dem Zahn entlang bis zum Hals unter das Zahnfleisch geschoben, die kürzere innen, die längere aussen. Bei der Resection wird das kürzere Maul an den lingualen, respective Gaumentheil der Wurzel hoch zwischen Zahnfleisch und Zahnhals geschoben, während der längere, schneidende Theil des Zangenmauls auf den labialen, bezüglich buccalen Theil des Zahnfleisches, genau entsprechend der Zahnwurzel, anzusetzen ist. Bei allen Zahnresectionen empfiehlt es sich, das Zahnfleisch vorher mit Watte und Spiritus oder Aether abzuwaschen und in zweckentsprechender Weise entweder mit Cocaïn oder Menthollösung zu anästhesiren.

Fig. 99.

Fig. 99. Resectionszange für Wurzeln der oberen Mahlzähne. Dieselbe Zange kann auch zur Entfernung tief cariöser

Schneide-Eckzähne und Prämolaren benutzt werden, wenn hierbei auch eine Resection des palatinalen Theiles der Alveole erforderlich ist.

Fig. 100.

Fig. 100. Bajonettförmig gebogene Wurzelzange mit spitzem, aber starkem Maul zur Extraction sämmtlicher Wurzeln des Oberkiefers und oberer Milchzähne.

Fig. 101.

Fig. 102.

Resectionszangen für obere Mahlzähne. Fig. 101 für die linke, Fig. 102 für die rechte Kieferseite bestimmt. Beim Gebrauch dieser Zange schiebt man zuerst den palatinalen Theil möglichst hoch zwischen Zahnfleisch und Zahnhals, respective Alveolarfortsatz und legt dann den scharf schneidenden buccalen Theil des Zangenmauls auf das Zahnfleisch, welches, wie bei allen Zahnresectionen, erst durch kräftigen Schluss der Zangengriffe zu durchschneiden ist, bevor der Zahn aus seiner eröffneten Alveole nach der Backe zu entfernt wird.

Fig. 103.

Fig. 104.

Fig. 103 und 104. Bajonettförmig gebogene Zangen zur Extraction oberer Mahlzähne. Das Zangenmaul ist dem Zahnhals sehr sorgfältig angepasst und der Winkel, welchen der Zangenkopf mit den kräftigen Zangengriffen bildet, ist so hergestellt, dass das Fassen der oberen Mahlzähne mit dieser Zangenform zweifellos sicherer ausgeführt werden kann, als dies z. B. mit den von Tomes angegebenen Zangen möglich ist.

Fig. 105.

Fig. 105. Zange zur Extraction oberer Weisheitszähne. Der Zangenkopf und die Zangengriffe sind genau wie die bei den überstehenden Zangen geformt. Beide Branchen sind concav, weil die Wurzeln doch mehr weniger verwachsen oder verkümmert sind. Obere Weisheitszähne sind oft verhältnissmässig schwer zu fassen, einmal gut gefasst, aber leicht zu extrahiren. Auch diese Zange kann allen Operateuren, welche zur Extraction oberer Weisheitszähne ein wirklich gutes Instrument gebrauchen wollen, nur empfohlen werden.

B. Resections- und Extractionszangen für Zähne des Unterkiefers.

Fig. 106.

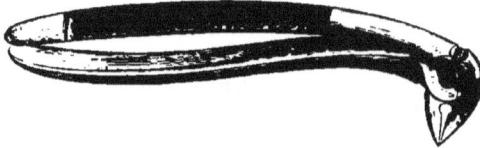

Fig. 106. Resectionszange für untere Schneide-Eckzähne, Bikuspidaten und isolirte Wurzeln der ersten Mahlzähne. Der Zangenkopf ist, entsprechend der Neigung dieser Zähne, nach der Zunge zu etwas im spitzen Winkel gestellt, wodurch ein sicheres Ansetzen der Zange auch bei nur mässig geöffnetem Munde ermöglicht wird. Da bei diesen Zähnen der Querschnitt der Wurzeln lingual stets einen kleineren Bogen beschreibt als labial, so ist auch das linguale Maul der Zange etwas schmaler gebaut als das labiale.

Fig. 107.

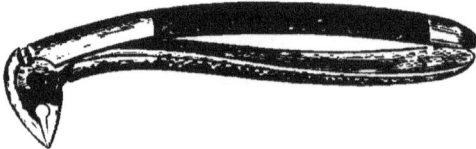

Fig. 107. Zange zur Extraction unterer Schneide-Eckzähne und Bikuspidaten und isolirter Mahlzahnwurzeln. Diese

Zange hat genau die Form wie Fig. 106, nur sind die Theile des Zangenmauls nicht scharf schneidend, sondern stumpf, aber spitz gearbeitet, so dass sich dieselben leicht zwischen Zahnhals und Zahnfleisch ansetzen lassen. Die unteren Milchzähne lassen sich gut mit dieser Zange extrahiren.

Fig. 108.

Fig. 109.

Fig. 108 und 109. Rechts- und linksseitige Resectionszangen für untere Mahlzähne. Beim Anlegen dieser Zangen drückt man zuerst den labialen Theil des spitzen Mauls fest durch das Zahnfleisch bis in die Alveole zwischen die Zahnwurzeln und legt dann in rascher Folge den lingualen Theil des Zangenmauls in gleicher Weise an den Zahnhals an, wobei man nur darauf zu achten hat, dass nicht etwa aus Versehen der Rand der Zunge mitgefasst wird. Auch hier wird erst durch kräftiges Zusammendrücken der starken Zangenarme der Zahn sicher gefasst und dann durch entsprechende Hebelbewegung aus seiner Alveole herausgehoben.

Fig. 110.

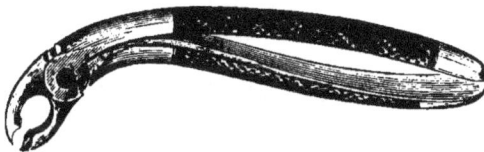

Fig. 111.

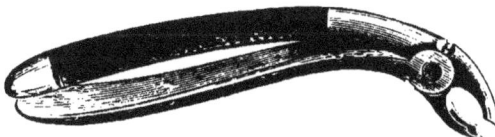

Fig. 110 und 111. Rechts- und linksseitige Zangen zur Extraction unterer Mahlzähne. Die doppelten, sanft auslaufenden Biegungen dieser Zangenformen (welche auch die Zangen in den

Figuren 108, 109, 112 und 113 besitzen) ermöglichen, den Zahnhals stets in senkrechter Linie zu fassen, ein Vortheil, der besonders bei der Entfernung der unteren Weisheitszähne von Bedeutung ist.

Fig. 112.

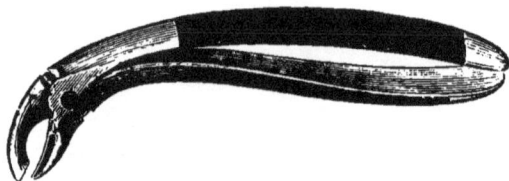

Fig. 113.

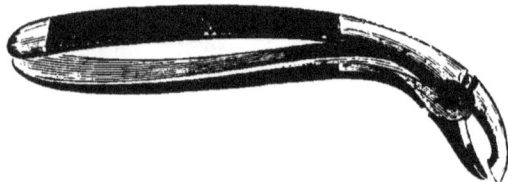

Fig. 112 und 113. Rechts- und linksseitige Zangen zur Extraction, respective Resection noch zusammenhängender Wurzeln der unteren Weisheitszähne. Da der dicke Alveolarfortsatz an der buccalen Seite dieser Zähne eine Resection nicht gestattet, so ist diesen Verhältnissen Rechnung getragen und nur der linguale Theil des Zangenmauls schneidend gearbeitet worden. Aber nicht allein zur partiellen Resection, sondern auch zur Extraction unterer Mahlzahnwurzeln sind diese Zangen sehr gut zu gebrauchen. Auch die unteren Milchbackzähne extrahire ich sehr häufig mit ihnen.

Fig. 114.

Fig. 114 a.

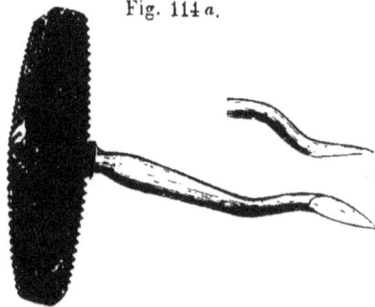

Fig. 114. Zange zur Extraction dislocirter unterer Weisheitszähne, nachdem dieselben bei Ankylose des Kiefergelenks mit dem Lecluse'schen Hebel Fig. 114 a in der Alveole luxirt worden sind. Der Hebel wird zwischen dem zweiten Molar

und dem Weisheitszahn möglichst tief eingedrückt und letzterer durch eine kräftige Bewegung gelockert.

Fig. 115.

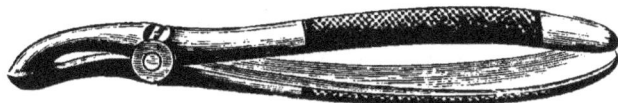

Fig. 115. Scharfe Knochenzange mit breitem, löffelförmigem Maule zum Abzwicken der Alveolarscheidewände nach der Extraction mehrerer nebeneinander stehender Zähne. Der Gebrauch dieser Zange empfiehlt sich besonders dann, wenn behufs Zahnersatzes mehrere nebeneinander stehende Zähne entfernt werden mussten. Schneidet man in einem solchen Falle gleich nach der Extraction der Zähne unter antiseptischen Vorsichtsmassregeln (Desinfection mit 3procentiger Phenollösung) die spitz hervorragenden Interstitien der Alveolen mit dieser Zange ab, so erfolgt die Heilung der Zahnfleischwunde und die Vernarbung des Alveolarfortsatzes in kürzester Zeit.

Zur Completirung dieses Satzes von Extractionsinstrumenten dürfte die Anschaffung eines Gaisfusses noch zu empfehlen sein,

Fig. 116.

der zur Entfernung tief im Zahnfleisch sitzender Wurzeln von vielen Operateuren gern benutzt wird. Ich bringe in Fig. 116 einen Gaisfuss nach Witzel mit schmalem, aber scharf geschliffenem Hebel und birnenförmigem, bequem in der Hand liegendem Griffe.

Zangen für Kinderzähne.

Fig. 117.

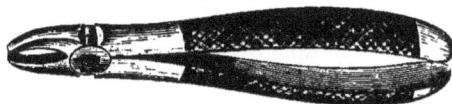

Für obere Schneide- und Eckzähne.

Fig. 118.

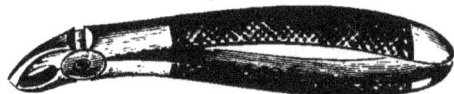

Für untere Schneide- und Eckzähne.

Fig. 119.

Für obere Milchbackzähne.

Fig. 120.

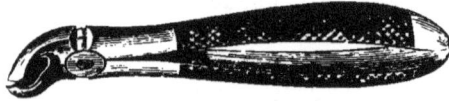

Für untere Milchbackzähne.

Diese Zangen für Milchzähne sind nicht unbedingt nöthig, aber sehr zweckmässig wegen ihrer kleinen Form. Sie lassen sich leicht verstecken vor den Kindern und sind sehr bequem zu handhaben.

Die hier abgebildeten Zangen sind von Witzel angegeben. Von allen neueren Formen halte ich sie für die besten. Ich gebrauche sie ausschliesslich sowohl in meiner Privatpraxis, wie auch in der Poliklinik. Sie werden in vorzüglicher Ausführung von Geo. Poulson in Hamburg in den Handel gebracht.

Es ist sehr empfehlenswerth, jeden extrahirten Zahn zur Untersuchung der Pulpa und zur Sicherstellung der Diagnose nachher gleich zu zerlegen.

Fig. 121.

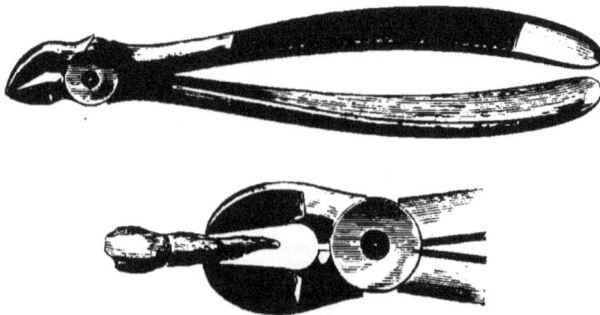

Fig. 121. Zange zur Section frisch extrahirter Zähne nach Dr. med. Ad. Witzel (siehe Witzel's Compendium, Tafel X, Seite 22). Die beiden kurzen, oben sehr starken Schneiden sind beilförmig geschliffen. Die beiden Griffe bilden schwere, lange Hebelarme, die es ermöglichen, selbst sehr starke Zahnkronen mit dieser Sectionszange ohne grosse Anstrengung zu zerlegen.

Zur Extraction der Zähne muss man nur die besten, sorgfältig gearbeiteten und gut gehärteten Zangen verwenden. Viele der früher von Tomes angegebenen Zangen sind durch zweckmässigere Formen verdrängt worden. Pelikan, Wurzelschraube und vor allen Dingen der Zahnschlüssel sind veraltet und sollten von keinem gebildeten Arzt mehr angewandt werden.

Die Zangen müssen gut vernickelt und stets peinlich sauber gehalten sein. Das Zangenmaul muss glatt sein und darf nicht, wie bei vielen alten Zangen, gekerbt oder gerieft sein, weil es sich sonst nicht aseptisch halten lässt. Nach jedesmaligem Gebrauch lasse ich mit Wasser die Spitzen der Zange abspritzen, abtrocknen und zur Desinfection mit 30procentigem Carbolöl bepinseln.

Blutung.

Nach der Extraction wird die Blutung durch Spülen mit kaltem Wasser zum Stehen gebracht; ist jedoch ein Abscess vorhanden, so unterstützt man sie lieber durch Spülen mit warmem Wasser und spritzt die Alveole mit Carbol aus, um den Eiter möglichst zu entfernen.

Nach der Extraction eines an Pulpitis erkrankten Zahns ist die Blutung gewöhnlich sehr gering, nach Periostitis mit Eiterung und Granulationsbildung im Mark dagegen viel stärker, ebenso während der Menstruation.

Die Blutungen stehen in der Regel nach wenig Minuten durch Verstopfung der Alveole mit Blutgerinnseln, nach Resectionen der Alveole jedoch häufig erst nach angewandter Tamponade, wobei genau auf das blutende Gefäss zu achten ist, das meistens nicht am Boden der Alveole, sondern am Rande derselben sich befindet.

In einzelnen Fällen aber will die Blutung nicht von selbst stehen oder sie kehrt mehrere Stunden nachher wieder und tritt besonders oft in der Nacht von neuem auf.

Solche Blutungen können bei anhaltender Dauer für das Leben gefährlich werden und sind daher energisch zu bekämpfen. Man macht die Tamponade mit einem in Liquor ferri sesquichlorati getränkten Baumwollbausch.

Bei sehr hartnäckiger Blutung stecke ich einen kleinen Wattebausch mit Eisenchlorid fest in die Alveole, lege einen grösseren darüber und lasse kräftig zubeissen. Mit einer Binde oder einem Kopftuch fixire ich jetzt den Unterkiefer gegen den Oberkiefer und lasse den Verband über Nacht liegen. Am anderen Morgen wird derselbe entfernt und die Wattebäusche mit kaltem Wasser vorsichtig weggespült, damit die Blutgerinnsel nicht mit entfernt werden.

8*

Auch kann man in warmem Wasser erweichte Guttapercha über die Eisenchloridwatte legen und dadurch dieselbe am Platze halten. In einem Falle habe ich einen Apparat aus Kautschuk angefertigt, der mit Klammern an den Nachbarzähnen befestigt war, den Tampon in der Alveole fixirte und mehrere Tage getragen wurde.

Anästhesie.

Neben der Blutung besteht bei jeder Zahnextraction ein mehr minder intensiver Schmerz. Derselbe ist bei einer Periostitis viel hochgradiger als bei Pulpitis, da das feste Eindrücken der Zange und die Dehnung der Alveolarwände, nicht das Abreissen des Zahnnerven die Hauptursache des Schmerzes ist. Im Publicum aber werden diese Schmerzen meistens noch weit übertrieben, und die Furcht vor einer Zahnextraction ist im Allgemeinen eine sehr grosse. Deshalb wird von den Patienten auch vielfach gewünscht, der Arzt möge ein Anästheticum anwenden, um die Extraction schmerzlos zu machen.

Wir unterscheiden allgemein und local wirkende Anästhetika.

Mit den ersten wird Bewusstlosigkeit und eine Anästhesie des ganzen Körpers herbeigeführt. In erster Linie wäre hier das Chloroform zu nennen. Zur Leitung der Chloroformnarkose muss stets ein zweiter Arzt dabei sein, da der Zahnarzt nicht operiren und gleichzeitig die Narkose überwachen kann, auch die Verantwortung für ihn allein zu gross wäre.

Man chloroformirt den Patienten wegen des häufig nachfolgenden Brechreizes am liebsten Morgens bei nüchternem Magen, lässt ihn eine horizontale Körperlage einnehmen, jedes beengende Kleidungsstück öffnen und hält bei Damen streng darauf, dass das Corsett abgelegt wird. Jedes künstliche Ersatzstück ist selbstverständlich vorher aus dem Munde zu entfernen. Der Zahnarzt muss vor Einleitung der Narkose über die Beschaffenheit des Mundes und die zu extrahirenden Zähne genau orientirt sein. Während der Arzt mit Maske, Tropfflasche und ganz reinem Chloroform dann die Narkose einleitet, ordnet der Operateur sein Instrumentarium, damit jede Zange, welche eventuell gebraucht werden könnte, zur Hand ist. Ein Kieferdilatator und für den Nothfall ein Faradisationsapparat müssen bereit sein. Eine genaue Beschreibung der Narkose selbst in ihrem Verlauf gehört nicht in ein Lehrbuch der Zahnheilkunde, nur will ich bemerken, dass dieselbe nicht so tief zu sein braucht wie bei lang dauernden und schwierigen chirurgischen Eingriffen.

Auf die Blutung, welche übrigens bei der Narkose nie so stark ist wie ohne dieselbe, muss man besonders sein Augenmerk richten.

Das Blut wird mit einem Schwamm weggetrocknet, damit es nicht in die Respirationswege gelangt. Auch ist sorgfältig auf die zu extrahirenden Zähne und Wurzeln zu achten, dass sie nicht der Zange entgleiten und selbst oder Splitter von ihnen in die Luftröhre gerathen.

Im Allgemeinen wird die Chloroformnarkose bei Operationen in der Mundhöhle aus diesen Gründen noch gefährlicher als sie an sich schon ist, und deshalb ist sie bei Zahnextractionen nach Möglichkeit zu vermeiden. Sie ist nur dann gerechtfertigt, wenn viele Zähne auf einmal zu extrahiren sind und der Patient schwächlich oder sehr ängstlich ist. Bei Ankylose kann sie nöthig werden, doch sind das immerhin nur Ausnahmsfälle.

Im grossen Ganzen also soll das Chloroform in der Zahnheilkunde nur wenig gebraucht werden, weil es zu gefährlich ist. Wegen einer Zahnextraction, wegen eines Schmerzes, der nur wenige Secunden währt, darf der gewissenhafte Arzt das Leben seiner Patienten nicht aufs Spiel setzen.

Für zahnärztliche Zwecke geeigneter ist das Stickstoffoxydul, Nitrooxygen oder Lachgas. Auf seine Geschichte und Herstellung will ich nicht eingehen, sondern verweise Alle, welche sich dafür interessiren, auf Grohnwald's*) und Telschow's erschöpfende Arbeiten über das Gas.

Heute wird das Stickoxydul nicht mehr wie früher von dem Zahnarzt selbst hergestellt, sondern durch die Dentaldépôts in eisernen Flaschen comprimirt bezogen. Hier befindet es sich in flüssigem Zustande, wird aber beim Oeffnen der Flasche sofort wieder gasförmig und strömt jetzt in den mit der Flasche durch ein Zuleitungsrohr verbundenen Gasometer. Beim Oeffnen der Schraube strömt das Gas in den Gasometer, nach dessen Füllung die eiserne Flasche wieder geschlossen wird (Fig. 122). Ein Ableitungsrohr mit Mundstück führt es, nachdem der Hahn geöffnet, dem Patienten zu. Dieser muss sich wie bei der Chloroformnarkose in halb liegender Stellung befinden, befreit von jedem beengenden Kleidungsstück.

Um den Mund offen zu halten, wird an der Seite, wo nicht extrahirt werden soll, ein Keil aus weichem Gummi zwischen die Zähne geschoben. An dem Gummiklotz ist ein Band befestigt, damit er jederzeit wieder aus dem Munde entfernt werden kann. Das Mundstück bedeckt Mund und Nase und schliesst durch ein Luftkissen die atmosphärische Luft vollkommen ab, so dass nur reines Gas eingeathmet wird. In demselben befindet sich ein Ventil, damit das ausgeathmete Gas in die Luft entweichen kann, während es bei einigen Gasometern in den Kessel zurückgeathmet und hier durch eine besondere Vor-

---

*) Grohnwald: Das Stickstoffoxydulgas als Anästheticum. Berlin 1872.

richtung gereinigt wird. Dieses Sparsystem jedoch ist nicht zu empfehlen.

Neuerdings wird das Gas, vielfach mit Sauerstoff gemischt, soge-nanntes Schlafgas, gegeben, doch besitze ich darüber keine eigene Erfahrung. Die Lachgasnarkose leitet der Zahnarzt selbst, es muss aber ein Assistent oder doch eine zweite Person dabei zugegen sein, damit jeder ungerechtfertigte Verdacht eines Missbrauches der Damen von Seiten des Arztes ausgeschlossen ist.

Fig. 122.

Uebersponnenes Athmungsrohr.

Clover's Mundstück mit Ventilen.

Eiserne Flasche mit comprimirtem Gas.

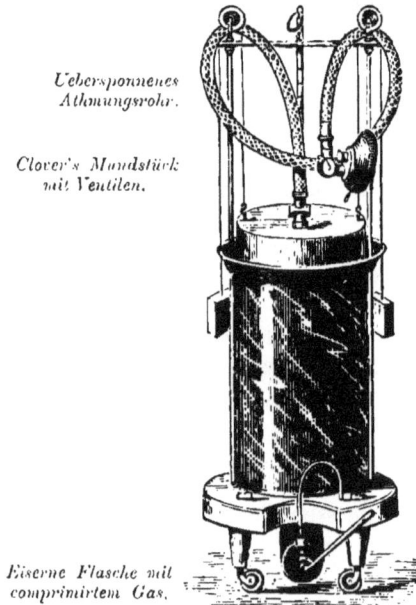

Stickstoffoxydul-Gasapparat.

Bei ruhigem Ein- und Ausathmen tritt nach etwa 50 Secunden schon Bewusstlosigkeit ein und bald darauf als Zeichen einer tieferen Narkose schnarchendes Athmen. Dieselbe genügt für eine oder selbst mehr Extractionen ohne Zangenwechsel. Macht man die Narkose tiefer, dann werden Puls und Athmung intermittirend, convulsivische Bewegungen mit hochgradiger Cyanose sind die Folge und die Ein-leitung künstlicher Respiration kann nothwendig werden.

Nach der Operation kehrt das Bewusstsein sehr schnell zurück und in der Regel tritt nach wenig Minuten schon vollständiges Wohl-befinden ein, ohne dass die Narkose irgend welche üble Nachwirkung hinterliesse. Deshalb, meint Grohnwald auch, sei das Lachgas vollkommen gefahrlos und es gäbe keine Contraindication gegen die Anwendung desselben.

Dem widerspricht aber die in der Literatur bekannte Thatsache, dass in der Lachgasnarkose elfmal der Tod des Patienten eingetreten ist. Allerdings ist diese Zahl der Todesfälle ganz verschwindend gegen die ungeheure Anzahl der Narkosen, welche absolut günstig verlaufen, ohne von irgend welchen unangenehmen Nebenerscheinungen begleitet zu sein. Deshalb wird von dem Lachgas ein so ausgedehnter Gebrauch in der zahnärztlichen Praxis gemacht, weil die Lachgasnarkose der Chloroformnarkose gegenüber den grossen Vorzug der kurzen Dauer besitzt und ohne üble Folgen bleibt.

In seltenen Fällen allerdings hat auch dieses Anästheticum seine Unannehmlichkeiten und Gefahren. Die Wirkung der Narkose kann im Verhältniss zur Schwere der Operation ungenügend sein, so dass letztere trotzdem mit Schmerz verbunden ist, oder es treten üble Nachwirkungen und Vergiftungserscheinungen ein, z. B. Kopfweh, Weinkrämpfe und nicht so selten ein ausgeprägt soporöser Zustand, wofür Baume mehrere interessante Fälle als Beleg anführt.

Auch das Bromäthyl wird jetzt viel zu Narkosen verwandt.

Das Bromäthyl ($C_2 H_5 Br$) wurde schon vor mehr als 30 Jahren in Amerika und Frankreich in der Chirurgie angewandt, aber dann wieder vergessen. Dr. Scheps in Breslau hat es zuerst bei Zahnextractionen im Jahre 1886 verwandt und für die zahnärztliche Praxis empfohlen. Nach ihm haben Asch in Berlin und Szumann in Thorn es vielfach bei kurz dauernden chirurgischen Operationen benutzt und ihre Erfahrungen darüber veröffentlicht in den „Therapeutischen Monatsheften". Jetzt brauchen sehr viele Zahnärzte dasselbe wohl fast täglich, da es nach unseren seitherigen Erfahrungen das Mittel zu sein scheint, welches, wenn auch nicht ganz, so doch annähernd vollkommen den Forderungen entspricht, die der Zahnarzt an ein Anästheticum stellen muss.

Das Bromäthyl nämlich erfordert nicht die Anwesenheit eines zweiten Arztes und vereinigt ohne jedwede gefährliche Nachwirkung die leichte Anwendbarkeit des Chloroforms mit der kurz dauernden Einwirkung des Lachgases. Es verdient unstreitig den Vorzug vor dem Chloroform und Stickoxydul, denn es ermöglicht eine gefahrlose Betäubung von einer Dauer, die für zahnärztliche Zwecke genügt. Bei allen kurz dauernden Operationen kann seine Anwendung gefahrlos genannt werden, während bei längerer Einathmung grösserer Mengen gefährliche Wirkungen, Erbrechen, ja sogar zwei Todesfälle beobachtet wurden. Ein dritter Todesfall ist in neuester Zeit vorgekommen in Folge einer Verwechslung mit dem toxisch wirkenden

Bromäthylen. Deshalb ist es unendlich wichtig zu wissen, wie ein absolut brauchbares Bromäthyl beschaffen sein muss und welche Prüfungsmethoden uns zu Gebote stehen.

Das Bromäthyl, Aethylum bromatum C_2H_5Br, ist ein Derivat des Aethans C_2H_6, in dem ein Molekül Wasserstoff, H, durch ein Molekül Brom, Br, ersetzt ist. Es ist in reinem und allein brauchbarem Zustande eine wasserklare, farblose, dem Chloroform ähnlich ätherisch riechende, neutral reagirende Flüssigkeit von brennendem, etwas süsslichem Geschmack mit einem specifischen Gewicht von 1·39 und einem Siedepunkt von 39° C. Es ist in Wasser wenig löslich, mit Aether und Chloroform aber in jedem Verhältniss mischbar. Es verflüchtigt sich sehr schnell und hinterlässt nur kurze Zeit seinen specifischen Geruch. Wenn es auf die Hand gegossen wird, entwickelt es eine starke Kälte, stärker noch als der wasserfreie Aether und verdampft in wenig Secunden auf der Haut. Sollte während einiger Minuten ein flüssiger Rückstand bleiben, so ist das Bromäthyl bestimmt unrein. Die Inhalationsmaske bedeckt sich nach mehreren Minuten mit weissen, schneeeartigen, feinen Krystallen.

Das Bromäthylen, mit dem das Bromäthyl unter keinen Umständen verwechselt werden darf, hat die chemische Formel $C_2H_4Br_2$ mit einem specifischen Gewicht von 2·163 und einem Siedepunkt von 129° C. Es kann noch durch den Geruch unterschieden werden, da es viel schärfer, stechender und unangenehm riecht.

Das Bromäthyl muss, da es sich leicht am Lichte zersetzt, in dunklen, am besten braungelben, gut verkorkten Gläsern mit einem Inhalt von je nicht mehr als 20 bis 30 g an einem dunklen, kühlen Orte aufbewahrt werden und hält sich so monatelang unverändert.

Die Hauptvorzüge des Bromäthyls sind die Gefahrlosigkeit, die schnelle Wirkung und die ausserordentlich rasche und vollkommene Erholung aus der Narkose ohne irgend welche nachtheilige Folgen.

Bei richtiger Verwendung wird in den meisten Fällen schon in einer Minute eine vollkommene Anästhesie erzielt.

Man nimmt am besten eine Maske, welche grösser ist als die Esmarch'sche Chloroformmaske, so dass Nase und Mund einschliesslich des Kinnes dicht bedeckt sind. Der Ueberzug ist nicht wie beim Chloroform ein dünnes Tricotnetz, sondern besteht aus einer doppelten Lage dicken Flanells, verstärkt durch eine Watteeinlage, so dass eine reichliche Menge Bromäthyl auf einmal aufgegossen werden kann, um eine rapide und tiefe Anästhesie zu erzielen.

Bei allmählicher Zuleitung, wenn zu viel atmosphärische Luft zutritt und nicht genügend Bromäthyldämpfe eingeathmet werden, ist eine Excitation nicht selten und die Betäubung unzureichend. Das ist der grosse Unterschied vom Chloroform, welches nur ganz allmählich zugeleitet werden darf und nur in halb so starker Concentration ertragen wird, in der gleichen Volumenmischung aber, wie das Bromäthyl gegeben werden muss, tödtlich wirken würde.

Im Uebrigen müssen ebenso wie beim Chloroform alle beengenden Kleidungsstücke um Hals, Brust und Hüften, besonders bei Damen das Corsett, ganz gelöst sein, da sonst bei flacher Athmung der Eintritt der Narkose verzögert wird und leicht Athemnoth eintritt. Der Patient wird in horizontale Körperlage gebracht und demselben ein an einer Kette befestigter Gummikeil in den Mund gesteckt, damit nach Eintritt der Narkose keine Verzögerung der Operation durch Oeffnen des Mundes stattfindet. Selbstverständlich müssen vorher auch alle nöthigen Instrumente zur Hand sein und bequem hingelegt werden.

Zur Betäubung, welche, wie gesagt, schon nach einer Minute eintritt, sind etwa 10 bis 20 g nöthig. Da jedes Geräusch und jede Berührung den Eintritt der Narkose verzögert, so muss die Umgebung sich ganz still verhalten, es darf nicht gesprochen, nicht gegangen, und jede Berührung des Patienten muss vermieden werden.

Bei leichter Betäubung hört der Patient wie im Halbschlaf laute Geräusche, reagirt auf Anruf und gegen Berührung. Die Schmerzempfindung dagegen ist bedeutend herabgesetzt oder ganz erloschen, so dass die Extraction oft wohl als Berührung, als ein Krachen, aber nicht als Schmerz gefühlt wird.

Es tritt beim Bromäthyl viel früher Analgesie als Anästhesie ein. Bei etwas tieferer Narkose aber erzielen wir auch eine vollkommene Anästhesie, so dass der Patient beim Aufwachen absolut nicht weiss, was mit ihm vorgegangen und wo er sich befindet.

Nach Asch lässt sich die Betäubung, was für zahnärztliche Zwecke ja niemals nöthig ist, 10 bis 15 Minuten fortsetzen, dann aber werden die Patienten unruhig und fühlen wieder Schmerz, so dass die Wirkung des Bromäthyls für diesesmal erschöpft ist und alles weitere Aufgiessen gefährlich wäre.

Tritt während der Bromäthylbetäubung durch irgend welche unerwartete Complication das Bedürfniss einer länger dauernden Narkose ein, so wird das Bromäthyl einfach beiseite gestellt und mit Chloroform die Narkose fortgesetzt. Ueble Nachwirkungen haben sich niemals bei dieser Combination gezeigt (Asch, Szumann), ja die Chloroformwirkung scheint dann sehr rasch einzutreten.

Contraindicirt ist das Bromäthyl bei allen länger als 10 bis 15 Minuten dauernden Operationen, bei allen Operationen, bei denen es auf Entspannung der Musculatur ankommt (Luxationen, Fracturen, Laparotomien etc.), denn die Muskelspannung bleibt, wie dies im Stadium der unvollkommenen Chlorformnarkose der Fall ist, immer erhalten, ja kann sogar etwas zunehmen. Es ist ferner contraindicirt bei Fettherz, bei hochgradiger Anämie, bei vorgeschrittener Schwindsucht und in grosser Dosis.

Nicht zu empfehlen ist es ferner, wie Dr. med. Oesterlein im vierten Heft des „Correspondenzblatt für Zahnärzte" 1889 schreibt, bei Potatoren, da diese gewöhnlich durch Bromäthyl auch in grosser Dosis nicht genügend betäubt werden und ebensowenig bei Personen, die mit grosser Angst und Spannung, unruhig und aufgeregt der Betäubung entgegensehen. Bei Letzteren wird die sensible Sphäre viel weniger beeinflusst als bei Patienten, die mit Ruhe und ohne Angst in die Betäubung sich schicken.

Nach Asch wirkt das Bromäthyl bei öfter wiederholter Betäubung nicht mehr so prompt wie anfangs. Die Patienten wachen leichter auf und fühlen mehr den Schmerz.

Zum Schluss will ich noch aus der „Deutschen Monatsschrift für Zahnheilkunde" 1889, VII. Jahrgang, Heft 7, ein Urtheil von Gilles in Köln, welcher das Bromäthyl in mehr als 450 Fällen schmerzhafter Zahnoperationen zur Anwendung brachte, anführen. Dasselbe lautet dahin, „dass wir in dem chemisch reinen Bromäthyl ein ganz ausgezeichnetes, weil rasch und sicher und bei vorsichtiger Anwendung gefahrlos wirkendes allgemeines Anästheticum besitzen, welches allen Zahnärzten nicht genug empfohlen werden kann und das vor dem Chloroform, dem Stickstoffoxydul, dem Cocaïn und wie die anderen Mittel alle heissen mögen, so unendliche Vorzüge besitzt, dass ihm mit Ausnahme nur sehr weniger complicirter Fälle bald die Alleinherrschaft bei Zahnoperationen zuerkannt werden wird".

Wenn ich nach meinen Erfahrungen auch dies Urtheil im Allgemeinen wohl unterschreiben kann, so möchte ich doch warnen vor einer zu grossen Vertrauensseligkeit, vor einer leichtfertigen Verwendung des Bromäthyls dringend warnen und in jedem Falle zur grössten Vorsicht ermahnen, denn das Einschläfern eines Menschen ist und bleibt immer ein gewaltiger Eingriff in die Functionen des ganzen Organismus.

Nachdem ich schon viele Bromäthylnarkosen mit sehr günstigem Erfolge ausgeführt habe, erlebte ich vor kurzer Zeit folgenden Fall:

Ein junges blühendes Mädchen von etwa 20 Jahren kam zu mir mit einer starken Anschwellung der rechten Wange, grosser Parulis und heftiger Wurzelhautentzündung am zweiten Bikuspidaten rechts oben. Dieser Zahn, sowie die Wurzeln des cariös zerstörten ersten Molaren sollten in der Bromäthylnarkose extrahirt werden. Unter allen Vorsichtsmassregeln wurde das Mittel angewandt. Die Kleider waren gelöst, Patientin befand sich in horizontaler Körperlage im Operationsstuhl und hatte den Gummikeil im Munde. Sehr bald traten tiefe

Athemzüge ein, aber plötzlich nach ³/₄ Minuten, nachdem noch nicht ganz 15g Bromäthyl gegeben waren, stockte die Athmung gänzlich, Patientin wurde blauschwarz im Gesicht und konnte erst nach längerer Zeit fortgesetzter künstlicher Athmung wieder zu sich gebracht werden. Sie fühlte sich kurze Zeit unwohl, erholte sich aber doch bald ganz.

Was hier die Schuld trug, weiss ich nicht. Es war dasselbe Präparat, wie ich es immer verwende und wurde genau so wie stets sonst auch angewandt. Jedenfalls aber ist diese Erfahrung für mich eine stetige Mahnung zur Vorsicht.

Weil wir demnach kein Narkoticum besitzen und wohl auch nie besitzen werden, welches absolut ungefährlich ist, der Arzt aber wegen einer einfachen Zahnextraction das Leben seines Patienten niemals gefährden darf, so haben wir vor allen Dingen auf die locale Anästhesie unser Augenmerk zu richten.

Die Anwendung der Kälte, welche mit dem Aetherspray von Richardson früher vielfach geübt wurde, blieb ohne wesentlichen Erfolg. Auch mit der Elektricität liess sich eine örtliche Empfindungslosigkeit nicht erzeugen.

In dem Cocaïn dagegen besitzen wir jetzt ein locales Anästheticum, welches, wenn man nicht allzu hohe Anforderungen stellen will, vollkommen genügt, um eine Zahnextraction schmerzlos zu machen. Ich kann mich in der Besprechung der Anwendung des Cocaïns bei Extraction der Zähne kurz fassen, da vor nicht langer Zeit aus berufener Feder eine Abhandlung darüber erschienen ist. Witzel hat in seinem ersten Hefte der deutschen Zahnheilkunde in Vorträgen: „Ueber Cocaïnanästhesie bei Operationen in der Mundhöhle", vielseitige und sehr lehrreiche Versuche, die er an Thier und Mensch gemacht hat, beschrieben. Er schildert in ausführlicher Weise die Technik der Cocaïninjection unter antiseptischen Cautelen und kommt zu dem Resultat, dass die Schmerzhaftigkeit der Extraction durch Injection von fünf bis zehn Tropfen einer 20procentigen Lösung wesentlich gemindert wird. Dies ist aber die Folge einer durch Cocaïn hervorgerufenen Allgemeinnarkose. Die Anästhesie hat ihren localen Charakter vollständig eingebüsst und ist eine reflectorische, vom Nervencentrum ausgehende geworden. Witzel sagt: „Dass die Nervenzellen der Grosshirnrinde und der Medulla oblongata durch das Mittel in ganz auffallender Weise beeinflusst werden, dafür haben sowohl die physiologischen Experimente an Thieren, wie auch Beobachtungen am Menschen schon sichere Beweise erbracht. Das Cocaïn ist ein Mittel von ganz ausgesprochener depressorischer Wirkung auf das Nervensystem und die Gehirnfunction. Diese depressorische Einwirkung auf das Gehirn tritt nach subgingivaler Anwendung

des Cocaïns ungemein schnell ein, denn die zahlreichen Lymphgefässe
des Kopfes saugen die Injectionsflüssigkeit sehr rasch auf und führen
sie zum Gehirn, auf dessen Centren das Cocaïn theils erregend, theils
lähmend einzuwirken scheint. Sichere Zeichen dieser centralen Wirkung des Cocaïns sind Flimmern vor den Augen, Herzklopfen, Prä-
cordialangst, Blässe des Gesichts und Apathie des Patienten. Diese
Symptome nun können sich bei geschwächten, anämischen Individuen
bedeutend steigern. Der Patient stöhnt tief, schliesst die Augen, knickt
zusammen, lässt die Extremitäten schlaff herabsinken, wie in tiefer
Chloroformnarkose, athmet unregelmässig und setzt sogar vorüber-
gehend ganz aus. Es kommt zu einer ausgeprägten, nicht immer
ungefährlichen Cocaïnintoxication. Daher ist die subgingivale Anwendung des Cocaïns namentlich mit nachfolgender Inhalation von Amyl-
nitrit bei Kindern und Greisen, bei Patienten, die zu schweren Ohnmachten neigen, sowie bei Hysterischen und Epileptischen nicht
rathsam, bei atheromatösen Erkrankungen der Gefässe und fettiger
Degeneration der Herzmusculatur sogar contraindicirt." Namentlich
bei Kindern unter sechs Jahren, meint Witzel, ist die Einpinselung
des Zahnfleisches mit Cocaïn- oder Mentholätherlösung gewöhnlich
alles, was wir vor der Zahnextraction zur Herabsetzung der Empfindlichkeit machen können. *)

Nach meiner Ansicht ist viel besser und wirksamer als die Einpinselung des Zahnfleisches mit Cocaïn folgende Methode der Anwendung: Ich trockene zunächst das Zahnfleisch in der ganzen Umgebung
des zu extrahirenden Zahns mit Zunder gründlich ab, bestreiche dasselbe dann mit reinem Schwefeläther, um den anhaftenden, oft kleberigen
Speichel ganz zu entfernen und die Schleimhaut absolut trocken und
fettfrei zu machen, denn je trockener die Umgebung des Zahns ist,
um so schneller und besser wird die Cocaïnlösung von der Schleimhaut resorbirt. Darauf umgebe ich den ganzen Zahn mit Zunder,
welcher vorher mit einer 20procentigen Cocaïnlösung **) getränkt war,
und fixire diesen durch einen geeigneten Apparat zehn Minuten lang

---

*) Cfr. Die Anwendung des Cocaïns in der Zahnheilkunde von Dr. med. Jessen,
„Correspondenzblatt für Zahnärzte", Januar 1888.

**) Rp. Cocaïn mur. 1·0
     Aq. dest. 5·0
     Alcohol 1·0
     Ol. Caryophyll. gtt. II
ist nach meiner Erfahrung wirksamer als das von Witzel empfohlene
     Rp. Cocaïn 1·0
     Aq. Menth. pip. 3·0
     Glycerin 2·0
     Ol. Menth. 0·5,

auf dem Zahnfleisch, welches vollständig anämisch und gegen Nadel-
stiche unempfindlich wird.

Dieser Apparat *) besteht aus einer gewölbten Kapsel aus Neusilber, welcher einen Einschnitt hat, der die Zahnreihe, in welcher
der zu extrahirende Zahn sich befindet, durchlässt und mit seinen
Seitentheilen den Zunder jederseits am Zahnfleisch fixirt, wenn beim
Zusammenbeissen die gegenüberstehende Zahnreihe, sei dies nun die
obere oder untere, sich in die im Einschnitt gegenüber befindliche
Fläche legt.

Diese Fläche ist so gearbeitet, dass die Zähne nicht abgleiten
können und den Apparat, der übrigens dem in jedem Dentaldépôt
käuflichen Mundspeculum ähnlich construirt ist, fixiren. Dadurch
wird einerseits das lange Oeffnen des Mundes nicht so beschwerlich
und andererseits bleibt die Cocaïnlösung in Contact mit dem Zahnfleisch, so dass der Speichel von demselben fern gehalten wird und
die beabsichtigte Wirkung des Cocaïns nicht vereiteln kann. Zu
beachten ist dabei nur, dass durch das verstellbare Kopfstück am
Stuhl der Kopf des Patienten etwas nach vorn geneigt gehalten wird,
damit nicht der sich ansammelnde, mit Cocaïn vermischte Speichel
verschluckt wird. Ganz lässt sich dies jedoch nicht immer vermeiden,
aber es bringt auch keine weiteren Beschwerden mit sich, als dass
die Patienten ein Gefühl haben, wie wenn der Hals ihnen geschwollen
wäre, oder als ob sie einen Kloss im Halse hätten, der sie am Schlucken
und freien Athmen hinderte. Doch vergeht diese Unannehmlichkeit
schon wieder 10 bis 15 Minuten nach vollendeter Extraction.

Mit dieser Methode habe ich sehr befriedigende Resultate erzielt.
Ich habe bis jetzt weit über 1000 Zähne unter Anwendung von Cocaïn
extrahirt und kann wohl sagen, dass bei 80 Procent die Extraction
so gut wie schmerzlos vollzogen werden konnte. Intelligente Patienten,
welche zu unterscheiden vermögen, sagen dann regelmässig, dass sie
das Ansetzen der Zange nur als mechanischen Druck ohne Schmerzempfindung gefühlt hätten, und dass die Extraction selbst ein Ruck,
aber kein eigentlicher Schmerz gewesen sei. Sogar das sonst so
schmerzhafte Luxiren sehr fest sitzender Zähne wird ganz ruhig ertragen. Andererseits dagegen gibt es auch Patienten, allerdings in
geringer Zahl, welche durchaus keine Wirkung verspüren wollen.

wo das Oel oben schwimmt, während es in folgender Form vertheilt ist:

Rp. Cocaïn 1·0
   Alcohol 3·0
   Aq. dest. 2·0
   Ol. Menth. pip. 0·5

*) Ist zu beziehen durch Geo. Poulson, Fabrik und Lager zahnärztlicher Uten-
silien in Hamburg.

Deshalb müssen wir, sagt Witzel mit vollem Recht, auch beim Cocaïn, wie zahlreiche praktische Beobachtungen gelehrt haben, die Empfänglichkeit des Individuums für dieses Gift in Rechnung ziehen, um uns die ungleichartige Wirkung desselben zu erklären.

Ein Vortheil ist, dass bei dieser Methode absolut keine üble Nachwirkung des Cocaïns vorhanden ist, und man deshalb in einer Sitzung nach wiederholter Application des Cocaïns mehrere Zähne extrahiren kann. So habe ich mehrfach als Vorbereitung des Mundes zum Zahnersatz acht bis zehn Zähne in einer Sitzung entfernt.

Es kommt öfter vor, dass unmittelbar nach der Extraction, besonders bei bestehender Periostitis, ein sehr heftiger Schmerz sich einstellt. Derselbe lässt sich jedoch momentan beseitigen, wenn man einen Wattebausch, der mit 20procentiger Cocaïnlösung getränkt ist, in die leere Alveole hoch hineinschiebt. Der Wattepfropf muss selbstverständlich nach einigen Minuten wieder entfernt werden.

Wird hiermit keine genügende Wirkung erzielt, so vermenge ich etwas Jodoformpasta mit viel Cocaïnkrystallen und stecke diese Masse in die Alveole, wo dieselbe verbleibt. Augenblicklich ist dann der Schmerz zum Schweigen gebracht und tritt auch nachher nicht wieder auf.

Es kann jedoch einer Zahnextraction, selbst wenn sie ohne jeden Unfall verlief, ein mehrere Tage, ja sogar Wochen andauernder Schmerz folgen. Wir nennen denselben Zahnlückenschmerz. Er hat seinen Grund darin, dass bei Vernarbung der Extractionswunde das Zahnfleisch dem scharfen Kieferrande aufliegt und durch den Druck entzündlich gereizt und schmerzhaft wird. Sobald die Alveolarwandungen resorbirt sind, hört dieser Schmerz natürlich von selbst auf.

Ueble Zufälle bei und nach der Extraction.

Der häufigste Unfall bei einer Zahnextraction ist das Abbrechen, die Fractur des Zahns. Dieselbe kommt im Allgemeinen bei unserem vorzüglichen Instrumentarium heute viel seltener vor als früher, doch gibt es Fälle, wo es selbst dem geschicktesten Zahnarzt passiren kann. Der Zahn kann während des Extractionsversuches abbrechen, wenn der ängstliche Patient sehr unruhig ist und plötzlich mit beiden Händen nach der Zange greift und den Operateur fest hält. Um dann eine Fractur zu vermeiden, öffne ich sofort die Branchen der Zange und fordere den Patienten auf, ruhig zu sitzen, oder verweigere die Extraction, bis er der Aufforderung Folge leistet. Gewöhnlich allerdings lasse ich immer gleich von vornherein die Hände fest halten. Es kann aber der Zahn so morsch sein, dass die Krone brechen muss.

Bei einer Fractur müssen wir unterscheiden, ob eine Pulpitis oder Periostitis vorlag. War eine Pulpitis die Ursache des Schmerzes, dann muss die Pulpa aus der Wurzel extrahirt werden, wenn sie nicht schon zugleich mit der fracturirten Zahnkrone entfernt wurde.

Nach Beseitigung derselben hört jede Schmerzempfindung auf und die Wurzel kann später, wenn der Kiefer sie vorgedrängt hat, leicht gefasst werden.

Bei der Periostitis muss man die Wurzel eventuell mit der Resectionswurzelzange entfernen, oder wenn man davon absehen will, so muss auf alle Fälle die verjauchte Pulpa mit Nervextractoren beseitigt, der Wurzelcanal mit warmem Wasser öfter ausgespritzt und möglichst gereinigt werden, um dem Eiter Abfluss zu verschaffen. Die Schmerzen hören dann gewöhnlich auf, besonders wenn die Behandlung noch durch eine Jodpinselung unterstützt wird.

Eine Fractur des Alveolarfortsatzes war früher bei der Verwendung des Schlüssels ziemlich häufig, jetzt dagegen kommt sie selten vor.

Am ehesten ereignet sie sich bei oberen Molaren, wo die dünne äussere Lamelle zwischen den beiden Wurzeln sitzen bleibt. Dies ist jedoch ohne alle Bedeutung. Es ist immer besser, ein fracturirtes Stück der Alveolarwand ganz zu entfernen, als dasselbe zu reponiren.

Verletzungen der Kieferknochen in grösserem Umfang oder umfangreiche Verletzungen der Weichtheile in der Umgebung dürfen und können bei einiger Vorsicht gar nicht vorkommen. Ebensowenig darf ein Nachbarzahn aus Versehen luxirt oder gar extrahirt werden. Ist trotzdem ein falscher Zahn extrahirt worden, so wird derselbe sofort wieder fest in seine Alveole gedrückt. Auf diese Weise replantirte Zähne wachsen bei kalten Ausspülungen in der Regel sehr schnell wieder fest.

Eine Luxation des Unterkiefers kann bei der Extraction erfolgen. Dieselbe ist einseitig oder doppelseitig. Man reponirt den Unterkiefer, indem man sich vor den im Stuhl sitzenden Patienten stellt, mit beiden Händen dessen Unterkiefer fasst, und zwar so, dass die vier Finger jeder Hand unter dem Kinn liegen und der Daumen auf jeder seitlichen Zahnreihe. Nun drückt man den Unterkiefer nach abwärts und hinten, während der Kopf des Patienten fest im Kopfhalter liegt oder in Ermangelung eines zahnärztlichen Stuhles von einem Assistenten gehalten wird.

Bei anämischen Personen, die durch lang andauernde Zahnschmerzen, verbunden mit Appetit- und Schlaflosigkeit, geschwächt und heruntergekommen sind, können Ohnmachten eintreten, und zwar entweder schon während der Untersuchung oder bei und nach der Extraction.

Man bringt vor allen Dingen den Patienten in horizontale Körperlage, damit die Anämie des Gehirns beseitigt wird, öffnet alle eng anschliessenden Kleidungsstücke, bespritzt das Gesicht mit kaltem Wasser oder schlägt die Wangen mit einem nasskalten Handtuch, um reflectorische Athembewegungen hervorzurufen, reibt die Schläfen mit kölnischem Wasser und lässt an Liquor Ammonii caustici riechen.

X. CAPITEL.

Prothese.

Die Technik wollen wir ganz kurz besprechen, nur um dem Arzt Gelegenheit zu geben, sich leicht und oberflächlich über den Zahnersatz orientiren zu können, damit er wenigstens eine Vorstellung davon bekommt, wie künstliche Zähne ungefähr aussehen und gemacht werden.

Wer sich näher für die Sache interessirt, der findet sehr gute und ausführliche Lehrbücher an Parreidt's Zahnersatzkunde und Detzner's Zahntechnik.

Indicationen für den Zahnersatz.

Der Verlust vorderer Zähne bedingt eine Entstellung des Gesichts und eine Störung der Sprache.

Wenn hintere Zähne verloren gehen, so ist das Kaugeschäft behindert und besonders bei schwachem Magen die Verdauung entschieden gestört.

Deshalb müssen sowohl vordere wie hintere Zähne theils aus Gesundheitsrücksichten, theils aus ästhetischen Gründen künstlich ersetzt werden.

Vorbereitung des Mundes.

Ehe jedoch an eine Prothese zu denken ist, muss der Mund zur Aufnahme des Ersatzstückes vorbereitet werden, da er nur sehr selten schon in dem Zustande ist, dass das Tragen eines künstlichen Gebisses von Nutzen und Dauer sein kann.

Die Vorbereitung des Mundes ist bei der Technik ein sehr wichtiger Theil. Hier muss als oberster Grundsatz gelten: Sämmt-

liche Zähne, welche cariös sind und noch gefüllt werden
können, müssen gefüllt werden, während alle anderen, die
nicht mehr zu erhalten sind, unbedingt extrahirt werden
müssen.

Dieser Grundsatz ist womöglich immer stricte zu befolgen. Leider
aber stösst man häufig auf den heftigsten Widerstand von Seiten der
Patienten, da diese sich nur ungern die Wurzeln vorher extrahiren
lassen.

Die Wurzeln cariöser Backzähne müssen auf alle Fälle vor
dem Ersatz entfernt werden, während vordere Wurzeln, wenn dieselben noch fest sind, abgezwickt und glatt gefeilt werden können, in
diesem Falle jedoch stets antiseptisch gefüllt werden müssen, damit
sie nicht zu Fäulnissherden im Munde werden. Auf diese Weise verhindern sie dann die Atrophie des Alveolarfortsatzes und bedingen
ein natürlicheres Aussehen der künstlichen Zähne, welche ihnen aufgeschliffen sind und dem Zahnfleisch genau anliegen.

Sind die Wurzeln extrahirt worden, so muss man mit der Anfertigung des Ersatzes warten, bis die Wunden vernarbt und die
Alveolarränder resorbirt sind, was unter Umständen ein halbes Jahr
und länger dauert.

Deshalb ist es in den meisten Fällen gut, wenige Tage nach
der Extraction ein provisorisches Ersatzstück anzufertigen und
dieses nach Verlauf eines Jahres umzuändern.

Abdruck.

Der Abdruck wird genommen mit einem passenden Abdruck-
löffel und einer Abdruckmasse, sei es Wachs, Guttapercha, Stents
oder Gyps.

Fig. 123.

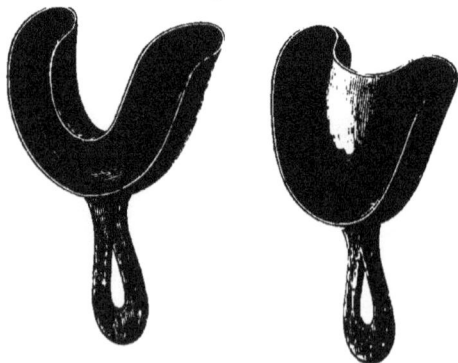

Mundlöffel oder Abdruckhalter.

Die beiden ersten werden jetzt fast nie mehr gebraucht, da Guttapercha sich contrahirt, Wachs aber im Munde zu weich bleibt und sich beim Herausnehmen leicht verzieht. Stentscomposition wird am häufigsten verwandt, da es am bequemsten zu handhaben ist und sehr gute Abdrücke liefert. Es wird in heissem Wasser weich und im Munde schon nach wenig Minuten so hart, dass der Abdruck herausgenommen werden kann, ohne dass er sich verändert. Feiner Alabastergyps gibt namentlich bei ganz zahnlosem Munde den correctesten Abdruck. Der Abdruck zeigt das negative Bild des Kiefers.

Modell.

Wir füllen den Abdruck vorsichtig mit Gypsbrei aus unter beständigem Klopfen, um die Bildung von Luftblasen im Modell zu vermeiden. Nach dem Erhärten des Gypses kommt das Ganze in heisses Wasser, um die Abdruckmasse von dem fertigen Modell zu trennen. Dem Modell wird eine Platte aus rothem Wachs angepasst, in Grösse und Form der späteren Gebissplatte entsprechend. Auf dieser Schablone nun werden die Zähne arrangirt.

Die künstlichen Zähne bestehen aus Porzellan mit Feldspat und Kieselsäure und haben an ihrer Rückseite Platinkrampons zur Befestigung im Kautschuk. Sie werden in den mannigfachsten Formen und Farben hergestellt, so dass sie den eigenen täuschend ähnlich sein können. Nach Grösse und Farbe werden sie, sobald der Abdruck genommen ist, den eigenen Zähnen des Patienten entsprechend, oder wenn keine mehr vorhanden sind, für sein Alter und seine Gesichtszüge passend, ausgesucht.

Fig. 124.

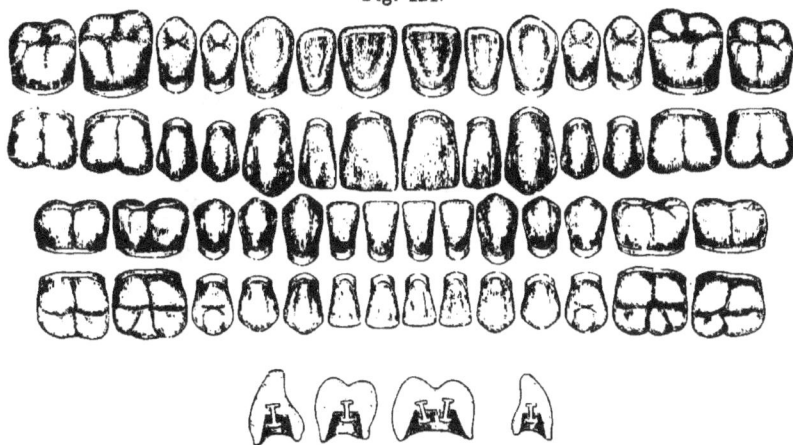

Künstliche Zähne.

9*

Dieselben werden jetzt dem Modell sorgfältig aufgeschliffen, wenn noch vordere Wurzeln im Kiefer sitzen, so dass diese durch den künstlichen Zahn vollkommen gedeckt sind. Soll jedoch auch Zahnfleisch ersetzt werden, dann geschieht dies durch Rosakautschuk und die Zähne werden im Wachs aufgestellt, oder man benutzt besser sogenannte Zahnfleischzähne oder Blockzähne, da das an den Zähnen befindliche künstliche Zahnfleisch viel natürlicher aussieht als der Kautschuk.

Das Aufstellen der Zähne, das Modelliren des Gebisses ist für das Aussehen und die Brauchbarkeit von grösster Bedeutung. Die Backzähne müssen senkrecht auf dem Alveolarrande stehen, damit später im Munde ein einseitiger Druck die Platte auf der anderen Seite nicht lockert. Auch muss die Anordnung und Stellung der Zähne möglichst natürlich und vor allen Dingen der Zusammenbiss, die Articulation, wie wir sie früher kennen gelernt haben, richtig sein, damit sie zum Kauen benutzt werden können. Deshalb braucht man stets Modelle von Ober- und Unterkiefer, deren richtige Stellung zueinander den Biss bedingt.

Sind noch hinreichend eigene Zähne im Munde, so ist der Biss oft eo ipso dadurch gegeben. Für einen zahnlosen Mund aber stellt man auf der Schablone für den Unterkiefer zuerst die Zähne provi-

Fig. 125.

Articulator.

sorisch auf, belegt die obere Schablone, die in diesem Falle wegen der grösseren Festigkeit erst aus Stents angefertigt wird, mit weichem gelben Wachs, bringt beide in den Mund, lässt schlucken und gleichzeitig fest zusammenbeissen.

Auf das richtige Zubeissen kommt alles an. Der Gelenkkopf des Unterkiefers muss bei geschlossenem Munde in der Pfanne sein und darf vor dem äusseren Gehörgang nicht gefühlt werden.

Nachher stellt man die Modelle in die durch das gelbe Wachs zusammengehaltenen Schablonen, fixirt das Ganze mit Gyps im Articulator (Fig. 125) und hat auf diese Weise die Stellung der Kiefer zu einander. Jetzt werden die Zähne aufgestellt und die Schablonen nun nochmals einprobirt, um zu sehen, ob der Biss richtig genommen, ob die Stellung der Zähne, ihre Länge und Höhe correct, ob die Mitte innegehalten u. s. w., mit einem Worte, ob alles stimmt.

Die Anfertigung der Gebisse.

Das Modell wird mit der Schablone in eine zweitheilige Messingcuvette so in Gyps gepackt, dass die Zähne in ihrer Stellung bleiben, auch wenn das Wachs ausgekocht wird. An die Stelle des Wachses wird nun auf dem Warmwasserapparat erwärmter Kautschuk gebracht. Das künstliche Zahnfleisch wird, wie schon erwähnt, durch rosa-

Fig. 126.

Poulson's Vulcanisirapparat mit Centralschraube.

farbenen, die Platte mit braunem Kautschuk hergestellt. Letzterer wird auch besonders fest um die Krampons gestopft. Dann wird die Cuvette in einer Handpresse zusammengepresst, damit der überschüssige Kautschuk in die vorher im Gyps angebrachten Rinnen entweichen kann. Die durch einen eisernen Bügel fest geschlossene Cuvette wird jetzt in den mit wenig Wasser gefüllten Vulcanisirapparat gebracht, welcher luftdicht zugeschraubt und auf eine Temperatur von 160° C. erhitzt wird. Nachdem der Kautschuk eine Stunde bei dieser Temperatur erhitzt worden, ist er hart und im Munde unveränderlich.

Das Stück wird nach dem Erkalten vorsichtig aus dem Gyps genommen, mit Feile, Schaber und Stichel bearbeitet, bis das Gebiss schliesslich mit Sandpapier abgerieben, auf der Maschine mit Bürste, Oel und Schmirgel und zuletzt mit Wasser und Kreide polirt, zum Einsetzen fertig ist. Zu beachten ist dabei, dass auch die Gaumenseite sorgfältig ausgearbeitet wird, da sonst beim Tragen im Munde ein unangenehmes Brennen und Prickeln entsteht. Auch sind alle scharfen Ränder zu vermeiden und gut abzurunden, um das Auftreten von Druckstellen zu verhüten.

Fig. 127.

Ersatzstück mit Saugkammer für einen zahnlosen Oberkiefer.

Der Kautschuk ist heute für Gebisse das gebräuchlichste Material, Celluloid wird nicht mehr verwandt, weil es sich im Munde zersetzt.

Weil eben Kautschukgebisse dem Gaumen besser anliegen, leichter herzustellen und weniger kostspielig sind als solche mit Metallbasis, so werden letztere nur selten mehr getragen. Doch muss jeder Zahnarzt mit Metallarbeiten vertraut sein, da Stiftzähne und Schutzplatten häufig gelöthet werden müssen, und es bei sehr engem Biss mitunter unumgänglich nöthig werden kann, eine kleine Goldpièce anzufertigen, weil für die dickere Kautschukplatte nicht Raum genug vorhanden ist.

Wenn nämlich bei einem aus wenig Zähnen bestehenden Ersatzstück an einer Stelle der Biss zu eng ist, d. h. wenn die eigenen Zähne des Unterkiefers hinter die des Oberkiefers ins Zahnfleisch beissen, so legt man hier Platinblech unter, weil der Kautschuk allein zu dünn würde, löthet die betreffenden Zähne an das Platin oder macht das ganze Stück aus Metall. Dazu verwendet man Platin oder 18karätiges Gold.

Die Platte wird zwischen einem positiven Zink- und einem negativen Bleimodell gestanzt und an dieselbe dann die Zähne sämmtlich angelöthet oder unter Umständen auch vielfach mit Kautschuk fest vulcanisirt.

Gebisse aus Aluminium und Spencemetall haben sich nicht bewährt. Die Art und Weise aber, wie Metallplatten gestanzt oder gepresst, die Zähne daran gelöthet oder mit Kautschuk verbunden werden, näher zu erörtern, gehört nicht hierher. Dafür gibt es die schon erwähnten eigenen Lehrbücher.

Befestigung im Munde.

Die Befestigung des Ersatzstückes im Munde geschieht mittelst Klammern oder durch Adhäsion. Die Klammer muss dem Zahn in ihrer ganzen Breite genau anliegen. Sie besteht aus Kautschuk oder aus Metall, und zwar Gold oder Platin.

Zur Unterstützung der Befestigung lässt sich auch noch ein Goldstift an der Platte anbringen, der in den Canal einer vorderen Wurzel hineinragt.

Sind keine eigenen Zähne mehr im Munde vorhanden, an denen ein Gebiss sich mit Klammern befestigen lässt, so muss die Gaumenplatte so gross sein, dass sie durch den genauen Anschluss mittelst Adhäsion gehalten wird. An ihrer Gaumenfläche lässt sich auch eine Luftkammer oder Saugkammer anbringen. Hier entsteht beim Tragen ein luftverdünnter Raum, so dass die Platte sich ansaugt und durch den Luftdruck gehalten wird. Wenn bei ganzen Gebissen die Adhäsion nicht genügt, so befestigt man an jeder Seite eine goldene Spiralfeder, welche das Ober- mit dem Unterstücke verbindet und durch den Druck beide an ihrem Platze hält.

Künstliche Gebisse müssen stets peinlich sauber gehalten werden. Sie werden am besten nach jeder grösseren Mahlzeit herausgenommen und mit Seife, Bürste und kaltem Wasser recht tüchtig gebürstet. Dann können sie niemals den eigenen Zähnen schaden oder einen üblen Geruch zeigen, da letzterer nur von faulenden Speiseresten herrührt, der Kautschuk selbst aber im Munde ganz unverändert bleibt. In der Nacht legt man das Gebiss in ein Glas Wasser oder Spiritus, weil eine Gefahr besteht, dass locker sitzende Zähne in die Luftröhre gerathen oder verschluckt werden.

Stiftzähne.

Wenn nur ein einzelner Vorderzahn ersetzt werden soll, so kann derselbe mittelst eines Stiftes in die gesunde Wurzel oberer Schneide-

und Eckzähne befestigt werden. Die Zahnkrone wird mit den abgebildeten Zangen abgezwickt. Die Wurzel wird glatt gefeilt, ihr Canal

Fig. 128.　　　　　　　　Fig. 129.　　　　　　　　Fig. 130.

Fig. 128. Zange zum Abschneiden vorher ausgebohrter Zahnkronen und dünner,
cariöser Kronenreste.

Fig. 129. Zange zum Abschneiden starker Zahnkronen.

Fig. 130. Zange zum Einpassen der Goldstifte in Wurzelcanäle beim Einsetzen
von Stiftzähnen.

mit einem Bohrer, der dieselbe Stärke hat wie der Stift, erweitert,
an der Spitze antiseptisch gefüllt und nun mit dem Stift in situ von
derselben Abdruck genommen. Man benutzt entweder Pivotzähne,
die ein Loch in ihrer Basis zur Aufnahme des Stiftes, welcher in
diesem Falle aus Hickoriholz besteht, besitzen oder gewöhnliche Mi-
neralzähne, an die ein Metallstift mit einer Schutzplatte aus Platinblech für den Zahn und einer solchen zur Bedeckung der Wurzel
angelöthet wird. Der Stift mit dem Zahn kann dann auf verschiedene
Weise in der Wurzel befestigt werden.

Der in eine gesunde und kräftige Wurzel gut eingesetzte Stift-
zahn kann jahrelang die vorzüglichsten Dienste leisten, ohne je
irgend welche Beschwerden zu machen, weil er eben absolut nicht
als Fremdkörper im Munde gefühlt wird.

Obturatoren.

Auch grössere Defecte der Kieferknochen, welche durch
Verwundung oder Operation entstanden sind, zu ersetzen, kommt der
Zahnarzt öfter in die Lage. Er muss dann mit dem Chirurgen Hand
in Hand arbeiten und kann dessen Wirken noch segensreicher ge-
stalten. Nach Resection einer Oberkieferhälfte oder des ganzen Oberkiefers z. B., welche durch Sarkom oder Carcinom bedingt war und
die, wenn sie rechtzeitig gemacht wurde, von Erfolg gekrönt sein,
ohne Recidiv bleiben und so unter Umständen lebensrettend werden
kann, wird er die resecirten Theile auf technischem Wege durch Erzeugung naturgetreuer Formen und Wiederherstellung aller verlorenen
Theile kunstgerecht ersetzen und dadurch die in Folge der Operation
entstandenen Störungen im Aussehen, in der Sprache, beim Essen und
Trinken aufheben. Am schwierigsten dabei ist oft, einen correcten
Abdruck von dem Defect zu erlangen, ist das jedoch gelungen, dann
ist es nicht schwer, den Ersatz aus Kautschuk zu construiren.

Ferner lassen sich alle angeborenen oder durch Krankheit,
meistens Syphilis, erworbenen Defecte des harten oder weichen
Gaumens, welche durch blutige Operation entweder gar nicht oder
nur mangelhaft und schlecht zu corrigiren sind, auf technischem Wege
so ersetzen, dass alle Mängel und Störungen in der Sprache oder
beim Essen und Trinken, welche durch chirurgische Eingriffe nicht
zu beseitigen waren, durch diese Behandlung gehoben oder doch in
bedeutendem Masse gebessert sind.

Es sei mir gestattet, auf diese Verhältnisse mit einigen Worten
etwas näher einzugehen.

Die Methode, das angeborene Palatum fissum, den Spalt im
weichen Gaumen auf operativem Wege zu schliessen, die einfache
Staphyloraphie wurde zuerst durch Gräfe angegeben und mit verhältnissmässig gutem Resultat ausgeführt, während bei gleichzeitigem
Defect im harten Gaumen hier der chirurgische Eingriff, die Urano-
plastik noch ohne Erfolg blieb, bis im Jahre 1860 Langenbeck eine
neue Operationsweise angab, welche von ihm ebenso genial ersonnen
war, wie meisterhaft ausgeführt wurde. Dieselbe bestand darin, dass
zuerst jederseits längs des Alveolarfortsatzes ein Schnitt bis auf den
Knochen geführt wurde, dessen Länge sich natürlich nach dem Spalt
im harten Gaumen richtet. Dann wurde das ganze Involucrum palati

duri, inclusive Periost vom Knochen losgelöst, von beiden Seiten her nach der Mitte hin verschoben, bis die wundgemachten Ränder des Spalts sich berührten und nun durch eine Naht vereinigt werden konnten. In der Mitte war jetzt der angeborene Defect durch das verschobene Involucrum palati duri bedeckt und in seinem ganzen Umfang geschlossen, da natürlich die angefrischten Ränder des Spalts im weichen Gaumen ebenfalls durch die Naht vereinigt waren. Nach der Nasenhöhle zu lag dann das von den Seiten abgehobene Periost frei zu Tage; doch bildet dieses nach oben hin neuen Knochen, so dass nach längerer Zeit der ursprüngliche Spalt im harten Gaumen durch ganz solide Knochenmasse ausgefüllt ist. An beiden Seiten in der Nähe der Alveolarfortsätze war durch die Operation eine Längsrinne entstanden, wo der Knochen von seinem Periost und jeder Bedeckung nach der Mundhöhle zu entblösst war. Hier wird durch Granulationen und späteres Narbengewebe ein neues Involucrum gebildet.

Wenn nun der Erfolg in Bezug auf die Sprache derartig gewesen wäre, wie man es von vornherein hätte erwarten sollen, dann wäre nichts zu wünschen übrig gewesen. Leider aber ist in den meisten Fällen auch nach der gelungensten Operation die Contraction der langen Narbe im Gaumensegel und in der Bedeckung des Gaumens so beträchtlich, dass das Velum zu sehr verkürzt wird, um die hintere Pharynxwand erreichen und einen Abschluss zwischen Mund- und Nasenhöhle herstellen zu können. Die Weichtheile werden eben durch die Operation zu sehr zusammengezogen, gespannt und durch die Vernarbung verhärtet, so dass das Gaumensegel dadurch seine nothwendige Beweglichkeit und seine Muskeln ihre normale Function verlieren und in Folge dessen auch der genaue Abschluss zwischen Mund- und Nasenhöhle nicht mehr stattfinden kann, wie es erforderlich ist, damit beim Sprechen der Nasalton vermieden wird. So bleibt denn oft trotz der schwierigen, aber glücklich ausgeführten Operation die unverständliche, unarticulirte und näselnde Sprache bestehen, welche den Patienten den Verkehr mit anderen Menschen so bedeutend erschwert und ihnen deshalb eine Verbesserung aufs höchste wünschenswerth macht. Dazu kommt noch die erschwerte Nahrungsaufnahme; doch ist dieser Umstand weniger wichtig, weil die Erfahrung lehrt, dass ältere Patienten durch die Gewöhnung sich mit ihrem Essen und Trinken ziemlich gut abzufinden wissen, und es ihnen nur sehr selten passirt, dass Speisen und Getränke in die Nasenhöhle kommen.

Seitdem nun der Geheime Hofrath Dr. Wilh. Süersen in Berlin auf der Versammlung des Centralvereines deutscher Zahnärzte in Hamburg im Jahre 1867 das Princip, auf dem seine Obturatoren beruhen und die Art und Weise ihrer Anfertigung bekannt gegeben hat, wie es in dem Jahrgang 1867 der „Deutschen Vierteljahresschrift für Zahnheilkunde", Seite 269, nachzulesen ist, wird bei Gaumendefecten, und zwar sowohl angeborenen wie erworbenen, im harten wie im weichen Gaumen wohl kaum mehr an eine Operation gedacht werden; denn durch einen richtig construirten Obturator können sämmtliche, durch den Defect erzeugte Mängel und Schäden beseitigt oder doch wesentlich gebessert werden.

Der von Süersen angegebene Obturator beruht auf ganz anderen Grundsätzen, als sämmtliche früher von Carabelli, Sauerbier und Kingsley angefertigten Obturatoren, die deshalb auch ihre Mängel hatten. Für eine reine Aussprache ist es unbedingt nöthig, dass ein vorübergehender Abschluss zwischen Mund- und Nasenhöhle, und zwar durch Muskelaction bewerkstelligt wird. Dieser Abschluss findet nun in normalem Zustande statt durch die Wirkung des Levator veli palatini, der das Gaumensegel hebt, es der Pharynxwand näher bringt und durch die Contraction des Musculus constrictor pharyngis superior, welcher das Cavum pharyngo-palatinum verengt, die Pharynxwand aufwulstet und dem Velum, wenn es sich ihr nähert, entgegenbringt, so dass erst durch das Zusammenwirken beider Muskeln, des Levator veli auf der einen und des Constrictor pharyngis superior auf der anderen Seite, ein vollkommener Abschluss zwischen Mund und Nase möglich ist. Das ist eben das Hauptverdienst Süersen's, die Wichtigkeit und Function des Constrictor pharyngis superior erkannt und richtig gewürdigt zu haben, während man früher diesen Muskel bei der Construction der Obturatoren gänzlich ausser Acht liess. Der Obturator von Süersen basirt also, abweichend von allem früher Dagewesenen, auf der Thätigkeit des Musculus constrictor pharyngis superior. Der hintere Theil des Obturators liegt derartig im Cavum pharyngopalatinum, dass beim gewöhnlichen, ruhigen Athmen der Luft der Ein- und Austritt durch die Nasenhöhle nicht verwehrt ist. Sobald aber beim Sprechen das Gaumensegel durch die Thätigkeit des Levator veli gehoben wird, legt es sich an die Seitenwände des hohlen Kastens, und gleichzeitig drückt die Pharynxwand sich gegen den hinteren verticalen Rand des Obturators, so dass dadurch die Mundhöhle zeitweilig von der Nasenhöhle wie im normalen Zustande vollständig abgeschlossen ist. Der Einfluss auf die Sprache und beim Schlucken ist unverkennbar. Zu beachten ist, dass die untere Basis des Obturators so hoch liegt, dass sie bei gewöhnlichem, ruhigem Zustande oberhalb des herabhängenden Velums liegt, aber andererseits nicht zu hoch, damit das Gaumensegel die Seitenwände erreichen kann, wenn es durch den Levator veli gehoben wird. Zu tief darf der Obturator nicht liegen, weil er dann beim Schlingen genirt und sehr leicht Würgbewegungen hervorruft. Nicht unwesentlich ist ferner, dass der Obtu-

rator so weit nach oben und hinten reicht, dass concave Eindrücke
der knorpeligen Tuben entstehen, weil man erst dann sicher sein
kann, dass der Obturator die Pharynxhöhle in zweckentsprechender
Weise ausfüllt, um seitlich und hinten einen vollkommenen Abschluss
beim Sprechen zu gewähren.

Andererseits dürfen aber die Conchae inferiores auch nicht mechanisch durch den Obturator comprimirt werden, und zwar aus folgen-
dem Grunde. Schon im ersten Vortrage im Jahre 1867 in Hamburg
hat Süersen in der Theorie des Sprechens darauf hingewiesen, dass
bei reiner Aussprache sämmtlicher Buchstaben, ausser m und n, der
Luftstrom durch den Mund, bei den beiden Buchstaben m und n aber
durch die Nase austreten muss. Diese Theorie ist vollkommen richtig
in Hinsicht der Consonanten; sie muss aber, wie spätere eingehende
Versuche und Erfahrungen bei den Obturatoren gelehrt haben, etwas
modificirt werden in Bezug auf die Aussprache der Vocale. Bei diesen
nämlich strömt der beiweitem grösste Theil der Luft allerdings durch
den Mund aus; eine geringe Quote derselben aber nimmt gewöhnlich
ihren Weg durch die Nase, ohne dass Nasalton zu hören ist. Dieser
entsteht aber sofort, wenn jene Luftquote innerhalb der Nasenhöhle
in aussergewöhnliche Schwingungen versetzt und an ihrem freien
Durchtritt verhindert wird. Aus diesem Grunde kommt bei Aussprache
der Vocale sofort Nasalton zum Vorschein, wenn man z. B. die Nase
zuhält, ferner bei chronischem oder acutem Schnupfen durch Ansammlung von Schleim in den Nasengängen oder durch Auflockerung der
Nasenschleimhaut und ebenso, wenn bei Gaumendefecten die
Conchae inferiores mechanisch durch den Obturator comprimirt werden. Daraus folgt nun die praktische Regel, dass die
Obturatoren an den betreffenden Stellen so flach sein müssen, dass
sie die Conchae nicht drücken. Ohne Beachtung dieser Regel wird
man auch bei sonst fehlerfrei construirten Obturatoren niemals eine
reine Aussprache erzielen.

Die hintere, dem Pharynx zugewandte Seite muss von oben nach
unten so breit sein, dass sie dem Musculus constrictor pharyngis
superior, wenn er sich beim Sprechen contrahirt, eine genügende
Fläche für den Abschluss zwischen Mund- und Nasenhöhle darbietet.
Ausserdem müssen die Seitentheile oder vielmehr die Seitenwände des
Kastens zwischen den beiden Hälften des gespaltenen Velums nach
oben und aussen aufsteigen.

Mit der Erfindung Süersen's hat eine neue Epoche für die
Geschichte des Gaumenverschlusses begonnen. Die Operation ist ganz
in den Hintergrund getreten und ihre Stelle hat die Technik eingenommen, weil durch dieselbe die denkbar besten Resultate sich
erzielen lassen. Trotzdem können einige Aufnahmsfälle vorkommen,

wo die Operation der Technik vorzuziehen ist. Wir wollen uns jetzt klar machen, wann dieser Fall eintreten kann, und führen zu diesem Zweck am besten die eigenen Worte der ersten Autorität auf diesem Gebiete an.

Der Geheime Hofrath Dr. Süersen sagte auf einer späteren Versammlung des Centralvereines deutscher Zahnärzte gelegentlich einer Discussion über diesen Gegenstand: „Der von einigen Autoren aufgestellte Satz, dass in früher Jugend die Operation, später aber der Obturator vorzuziehen sei, lässt sich in dieser Form nicht unterschreiben. Wenn in frühester Jugend durch den Defect das Saugen und somit die Ernährung des Kindes behindert ist, so ist dadurch gewiss die Operation indicirt. Abgesehen hiervon aber ist die Frage, ob Operation oder Prothese zu wählen, nicht von dem Alter des Patienten abhängig, sondern einestheils von der ursprünglichen Länge des Velums und anderentheils von der Grösse des Defects, respective der Länge des Spaltes. Man beobachtet nämlich, dass das Velum bei den verschiedenen Menschen ebenso verschieden lang ist, wie z. B. die Oberlippe. Bekanntlich ist diese ja bei einzelnen Menschen so kurz, dass man beim gewöhnlichen Sprechen nicht blos die ganzen Oberzähne, sondern sogar das Zahnfleisch sieht, während bei anderen auch bei lebhaftem Sprechen gar nichts von den Zähnen zu sehen ist. Ganz analog verhält es sich auch mit dem Velum. Es gibt sogar Fälle, bei welchen das ganz intacte Velum so kurz ist, dass es bei vollkommen energischer Muskelaction die Pharynxwand nicht erreicht, und die Einwirkung dieser Missbildung ist genau dieselbe, als wenn das Velum gespalten wäre.

Was in diesen Fällen durch ein ursprünglich zu kurz gebildetes Velum bewirkt wird, das geschieht genau ebenso in den allermeisten Fällen von operirtem Palatum fissum gegen die Absicht des Operateurs dadurch, dass das Velum sich durch die Contraction der Narbe so sehr verkürzt, dass es die Pharynxwand nicht mehr erreichen kann. Lediglich aus diesem Grunde ist der Misserfolg in Bezug auf die Sprache bei den allermeisten Operationen des Palatum fissum congenitum zu erklären. Wenn es sich aber um einen Fall handelt, bei welchem das Velum von vornherein recht reichlich lang gebildet ist und bei dem der Spalt nicht sehr weit geht, so kann es vorkommen, dass die nicht sehr lange Narbe eine nur mässige Verkürzung des Velums verursacht, welche den Contact des letzteren mit der Pharynxwand nicht verhindert. In solchen Fällen ist unzweifelhaft die Operation der Prothese vorzuziehen; allein solche Fälle sind sehr selten. In der grossen Mehrzahl liegen die Verhältnisse viel ungünstiger, und diese grosse Mehrzahl gehört deshalb unbedingt in das Gebiet der Obturatoren.

Der Unterschied zwischen angeborenen und erworbenen Gaumendefecten mit Rücksicht auf die Sprache ist nicht aus dem Auge zu
lassen. Bei erworbenen Defecten ist die Sprache nach der Application
eines zweckmässigen Obturators sofort gut. Bei den angeborenen
Defecten aber ist die mangelhafte Sprache nicht allein durch den
Nasalton, sondern auch dadurch bedingt, dass die Patienten sich von
frühester Jugend an gewöhnt haben, mangelhaft und unrichtig zu
articuliren. Abgewöhnung der unrichtigen Zungenbewegung und Er-
lernung der richtigen Bewegungen für die einzelnen Buchstaben ist
natürlich Sache der Uebung, also Sache des Patienten selbst, und
deshalb muss es als Regel hingestellt werden, dass es bei angeborenen
Gaumenspalten nach Regulirung der physikalischen Verhältnisse von
der Intelligenz und Ausdauer des Patienten abhängt, wie rasch und
vollkommen seine Sprache die normale Beschaffenheit erreicht. Da
man nun aber bekanntlich in der Jugend sich leichter üble Angewohn-
heiten abgewöhnt und andererseits auch leichter lernt, so ist es,
abgesehen von anderen physisch-pädagogischen Gründen, gut, den
Obturator möglichst zeitig zu appliciren, d. h. sobald das Kind intel-
ligent genug ist, ihn tragen zu können, und sobald die vorhandenen
Zähne genügende Befestigungspunkte darbieten. Im Allgemeinen ist
das siebente bis achte Lebensjahr als der früheste Zeitpunkt zu bezeichnen, in dem der Obturator angewandt werden kann. Bei nicht
erwachsenen Personen ist eine Aenderung des Apparates von Zeit zu
Zeit nöthig, aber es genügt vollkommen, wenn dies alle drei bis vier
Jahre bis zu vollendetem Wachsthum geschieht. Um die oben erwähnten Unrichtigkeiten in der Zungenbewegung bei den einzelnen
Buchstaben möglichst rasch zu überwinden, ist es am besten, den
Patienten bei einem Taubstummenlehrer Unterricht nehmen zu lassen
eine Massregel, die nicht dringend genug empfohlen werden kann."

Auf die Technik, d. h. die Art und Weise, wie der Abdruck zu
nehmen und der Obturator anzufertigen ist, wollen wir nur mit wenig
Worten eingehen. Ich verweise dabei auf das Lehrbuch der Zahnheilkunde von Baume, welches einen Aufsatz von Süersen *) selbst
enthält mit einer so ausführlichen Beschreibung, dass Jeder, der sonst
einiges Verständniss für die Technik und ihre Manipulationen besitzt,
danach arbeiten kann.

Der Abdruck wird in gleicher Weise mit Steutscomposition genommen wie bei der Anfertigung eines jeden Gebisses. Der Defect
im weichen Gaumen braucht nicht in seiner ganzen Ausdehnung ab-
gedrückt zu sein.

---

*) Süersen hat bis jetzt 365 Obturatoren construirt und führt mehrere eclatante
Fälle von absoluter Besserung der Sprache an.

Ist nur im harten Gaumen ein Defect vorhanden, so genügt zum Verschluss desselben eine einfache Gebissplatte, die in bekannter Weise mit Klammern an den vorhandenen Zähnen im Munde befestigt wird.

Haben wir es aber mit einem Defect im weichen Gaumen zu thun, so muss an dem hinteren Ende der Kautschukplatte ein zungenartiger Fortsatz, ein Appendix sich befinden, der in den Spalt des weichen Gaumens hineinragt.

Fig. 131.

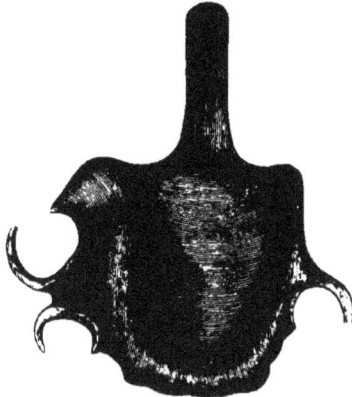

Platte mit Appendix.

Diese Platte wird einige Tage getragen, damit der Patient sich vollkommen an dieselbe gewöhnt. Dann umhüllt man den Appendix mit weicher Guttapercha, bringt das Ganze sogleich wieder in den Mund und lässt den Patienten zählen, laut lesen und schlucken, damit die Weichtheile des Rachens, die Gaumensegelhälften und der Musculus constrictor pharyngis superior sich in der weichen Guttapercha abdrücken, ihr eigenes Bett machen können.

Nach einiger Zeit wird der Apparat wieder herausgenommen, die Guttapercha weggeschnitten, wo zu viel ist und angesetzt, wo noch fehlt.

In dieser Weise wird fortgefahren, bis die Muskeln sich sämmtlich in dem Guttaperchakloss scharf abdrücken. Der so construirte Obturator wird vor dem Vulcanisiren noch einige Tage getragen, um zu sehen, ob Sprechen, Essen, Trinken und seitliche Bewegungen des Kopfes ohne Beschwerden von statten gehen.

Wenn der Abdruck richtig ist und alles stimmt, so wird der ganze Apparat eingegypst, die Guttapercha entfernt und durch einen hohlen Kasten von hart vulcanisirtem Kautschuk in genau gleicher Form ersetzt.

Fig. 182.

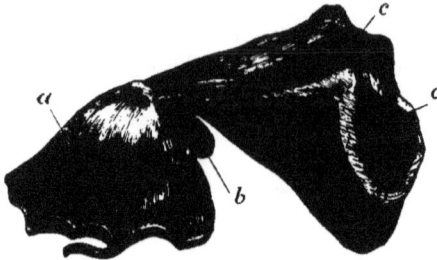

Obturator von Süersen.

a Platte, die den harten Gaumen bedeckt. *b* Seitenfläche des Obturators, welche von unten nach oben und aussen aufsteigt. — Nach vorn (nach dem harten Gaumen hin) muss dieselbe so flach sein, dass die unteren Nasenmuscheln nicht berührt werden. *c* Abdruck des Tubenwulstes.

Dieser Obturator von Süersen ist durch Schiltzky derartig modificirt worden, dass an Stelle des aus hart vulcanisirtem Kautschuk hergestellten Kastens ein solcher aus weich bleibendem Kautschuk construirt wird. Letzterer hat aber den Nachtheil, dass er sich in kurzer Zeit im Munde zersetzt.

ANHANG.

Einige Krankheiten des Mundes, welche die Zähne selbst direct nicht betreffen, deshalb in den vorhergehenden Capiteln noch nicht besprochen, aber für den Zahnarzt wichtig sind, wollen wir zum Schlusse anfügen.

Es gehören hierher:

1. Die Krankheiten des Zahnfleisches,
2. „   „   der Mundschleimhaut,
3. „   „   der Kieferknochen.

1. Krankheiten des Zahnfleisches.

Wir unterscheiden verschiedene Ursachen der Erkrankungen des Zahnfleisches, und zwar:

1. prädisponirende Ursachen,
2. locale   „
3. allgemeine   „

Eine bestehende Schlaffheit des Zahnfleisches ist eine entschiedene Prädisposition zur Erkrankung desselben.

Als örtliche Ursachen finden wir eine vernachlässigte Pflege des Mundes, die Ansammlung von Zahnstein, die Caries der Zähne, besonders das Vorhandensein cariöser Zähne und Wurzeln mit scharfen Kanten und Spitzen, an Periostitis erkrankte Zähne und endlich schlecht angefertigte oder mangelhaft gereinigte künstliche Gebisse.

Allgemeine Ursachen für die Erkrankung des Zahnfleisches sind Allgemeinleiden, wie: Scorbut, Scrophulose, Syphilis, Mercurialismus, Diabetes, Typhus, acute Exantheme, Anomalien der Menstruation und Schwangerschaft.

a) Hyperämie.

Die häufigste Krankheit des Zahnfleisches ist die Hyperämie desselben. Sie wird hervorgerufen und unterhalten durch die schon erwähnten localen Ursachen. Das Zahnfleisch ist gelockert und dunkelroth bis blau gefärbt. Die interdentalen Papillen sind locker, schwammig und bluten deshalb leicht bei jeder Gelegenheit, beim Essen und Bürsten der Zähne mitunter sogar ziemlich beträchtlich.

Die Therapie besteht zunächst in der Beseitigung der Ursachen. Der Zahnstein wird sorgfältig entfernt, cariöse Zähne gefüllt oder extrahirt, scharfe Kanten und Spitzen glatt gefeilt oder geschliffen. Eine geregelte Mundpflege, consequentes und sorgfältiges Bürsten der Zähne und des ganzen Zahnfleisches wird anempfohlen und zur Unterstützung ein adstringirendes Mundwasser verordnet.

Eine chronische Hyperämie des Zahnfleisches finden wir bei Allen, welche ihre Zähne nicht bürsten, und ferner da, wo künstliche Gebisse auf faulenden Wurzeln getragen werden, besonders wenn es noch an der nöthigen Säuberung des Ersatzstückes fehlt.

Diese chronische Hyperämie ist sehr häufig der Vorläufer einer Entzündung des Zahnfleisches.

b) Gingivitis simplex.

Wir unterscheiden eine acute und chronische, eine partielle und totale Gingivitis.

Die acute Gingivitis, welche besonders häufig nach Quetschungen des Zahnfleisches bei Zahnextractionen, ferner bei der Dentitio difficilis kleiner Kinder und dem erschwerten Durchtritt des Weisheitszahns bei Erwachsenen vorkommt, ist in allen diesen Fällen eine partielle. Das Zahnfleisch ist an dieser Stelle stark geröthet, geschwollen und sehr schmerzhaft, so dass heftige Zahnschmerzen vorgetäuscht werden können.

Eine tiefe Incision bis auf den durchbrechenden Zahn beseitigt in der Regel fast momentan den heftigen Schmerz, während die Entzündung durch häufiges Spülen mit einem adstringirenden und desinficirenden Mundwasser bekämpft wird.

Eine chronische Gingivitis entsteht aus der chronischen Hyperämie bei andauernd mangelhafter Pflege des Mundes, Ansammlung von Zahnstein, cariösen Zahnresten u. s. w. Sie wird erfolgreich behandelt durch Beseitigung der Ursachen.

Als Begleiterscheinung kann eine Hypertrophie des Zahnfleisches auftreten. Dieselbe betrifft meistens die interdentalen Papillen an den unteren Schneidezähnen, entsteht durch den beständigen Reiz, den der Zahnstein ausübt und kann so stark werden, dass die Zähne ganz überwuchert sind. Sie verschwindet wieder mit der Behandlung der Gingivitis.

Die durch ein Allgemeinleiden hervorgerufene Gingivitis heilt nach Behandlung des ersteren. Beim Mercurialismus tritt ein starker Speichelfluss auf mit Lockerwerden der Zähne. Wir geben Kali chloricum innerlich und zum Spülen.

c) Gingivitis ulcerosa.

Neben der eben besprochenen einfachen Entzündung des Zahnfleisches unterscheiden wir eine Gingivitis ulcerosa. Dieselbe wird sehr häufig Mundfäule, Stomacace genannt, doch ist diese Bezeichnung, wie Baume und Scheff sehr richtig betonen, falsch, weil wir es nicht mit einem Fäulnissprocess, sondern mit einer Ulceration zu thun haben. Die Krankheit besteht in einem ulcerösen Zerfall des Zahnfleischrandes. Das Leiden ist ein rein locales und wird durch grosse Unsauberkeit hervorgerufen. Es befällt niemals einen zahnlosen Mund, überspringt auch nie eine Zahnlücke, sondern findet sich nur in der Umgebung von Zähnen in dem gänzlich vernachlässigten Munde ärmerer Leute von mangelhafter Ernährung. Die interdentalen Papillen sind geschwollen, exsudiren, vereitern und zerfallen, so dass eine Geschwürsfläche mit einem abscheulichen Foetor ex ore entsteht. Dieses Geschwür kann sich auf die anliegende Lippe oder Wange fortsetzen, doch ist die Krankheit nicht, wie man früher glaubte, infectiös, da zahlreiche Impfversuche stets ohne Erfolg geblieben sind.

Zur Bekämpfung der Gingivitis ulcerosa haben wir ein specifisches Mittel, das Kali chloricum. Dasselbe wird zum Spülen verordnet und auch innerlich gegeben, da es bald wieder im Speichel erscheint und dann beständig desinficirend wirkt.

Rp.
    Kali chlor. 6·0
    Aq. dest. 200·0
    MDS. Alle 2 Stunden 1 Esslöffel.

Nach Ablauf der Krankheit ist der Mund selbstverständlich stets auf das sorgfältigste zu pflegen.

d) Gingivitis blennorrhoica sive Pyorrhoea alveolaris.

Als letzte Zahnfleischerkrankung wollen wir besprechen die Blennorrhoea gingivae oder Pyorrhoea alveolaris. Dieselbe geht vom Zahnfleisch und nicht von der Wurzelhaut aus, befällt aber in der Regel ebenfalls die letztere und heisst deshalb auch Periostitis alveolo dentalis. Meistens werden die vorderen Zähne unten befallen, selten die oberen oder die Molaren. Wenn man mit dem Finger am Zahnfleisch entlang streicht, so quillt zwischen Zahnfleisch-

10*

rand und Zahnhals Eiter heraus, was ein charakteristisches Symptom dieser Krankheit ist. Bei längerem Bestehen schwinden die Alveolarränder, die Zähne werden verlängert und gelockert, auch treten mitunter Schmerzen im Zahnfleisch auf, die sich in einem Stechen und Brennen äussern.

Die Therapie besteht vor allen Dingen in der sorgfältigen Entfernung des Zahnsteins. Dann erziele ich gewöhnlich mit der Chromsäurebehandlung ein gutes Resultat. Ich tauche ein spitzes, feines Hölzchen in eine gesättigte Chromsäurelösung und schiebe dasselbe vorsichtig zwischen Zahnhals und Zahnfleisch tief in die erkrankte Alveole. Die Chromsäure löst den auf mechanischem Wege nicht vollkommen entfernten Zahnstein chemisch auf und ätzt gleichzeitig den Zahnfleischrand. Das Verfahren wird mehrmals wiederholt und führt selbst in veralteten Fällen meistens zum Ziel. Allzu oft darf die Chromsäure natürlich auch nicht verwandt werden, da sie sonst den Zähnen schadet. Eine geregelte und sorgfältige Mundpflege ist dabei selbstverständlich.

2. Krankheiten der Mundschleimhaut.

So wie das Zahnfleisch kann auch die Schleimhaut des Mundes erkranken.

a) Stomatitis simplex.

Bei der Stomatitis simplex ist die Mundschleimhaut entweder in ihrer ganzen Ausdehnung oder nur theilweise entzündlich geröthet und geschwollen.

Bei Säuglingen entsteht die Entzündung der Mundschleimhaut durch Unreinlichkeit. Es bleiben die Reste der Milch im Munde, gähren hier und bilden für Pilzwucherungen einen guten Nährboden. Diese Stomatitis parasitica, wie wir sie auch nennen können, belegen wir gewöhnlich mit dem Namen Soor. Am weichen Gaumen, dem Zungenrand, der inneren Lippen- und Wangenfläche treten kleine weisse Flecken auf, die aus lauter Pilzwucherungen, dem Oidium albicans, bestehen. Ein stark saurer Geruch aus dem Munde ist der beste Beweis der vorhandenen Milchsäuregährung. Deshalb müssen wir, um die Krankheit zu heilen, die Säure neutralisiren und versuchen, die Mundsecrete alkalisch zu machen. Mittelst eines Leinwandlappens wird der Mund des Kindes mehrmals täglich mit einer schwachen Lösung von Borax oder chlorsaurem Kali 1 : 100 ausgewaschen, bis der Soor in kurzer Zeit vollkommen verschwindet.

Bei Erwachsenen kann die Stomatitis aus den gleichen Ursachen wie die Gingivitis entstehen in Folge von scharfen Zahnresten, cariösen Wurzeln, beim Mercurialismus und acuten Exanthemen. Die Behandlung ist dann hier auch die gleiche, wie sie schon früher angegeben wurde.

b) Stomatitis ulcerosa.

Aus bisher noch unbekannten Gründen entstehen an der Innenfläche der Unterlippe und der Wangen, an den Zungenrändern und
der Gaumenschleimhaut flache Bläschen von weisser oder gelblicher
Farbe auf geröteter Basis. Dieselben platzen und hinterlassen linsen-
grosse Geschwürchen mit rothem Rande und graugelbem Grunde, die
wir Aphten nennen. Dabei bestehen mitunter heftig brennende
Schmerzen.

Wir betupfen diese Geschwüre mit dem Lapisstift, geben ein
adstringirendes Mundwasser und lassen den ganzen Mund auf das
sorgfältigste pflegen.

Ich erziele stets ein vorzügliches Resultat, indem ich den Mund
dreimal täglich mit Witzel's Mundwasser bürsten lasse.

Rp.

> Spirit. sapon. 30·0
> Spirit. vin. rectif. 500·0
> Acid. phenyl.
> Ol. bergamott. ää 3·0
> Ol. Anis.
> Ol. caryophyll. ää 2·0
> Ol. Menth. pip. 1·0
> MDS. Unverdünnt zum Bürsten der Zähne und des
> Zahnfleisches.

Bei regelmässigem Gebrauch kehren die Aphten selbst in den
hartnäckigsten Fällen nicht wieder.

3. Krankheiten der Kieferknochen.

Die Krankheiten der Kieferknochen, welche eine Folge der
Peridentitis sind, wie die Periostitis, Ostitis, Nekrose, ferner die Zahnfistel und das Empyema antri Highmori, haben wir schon besprochen.

Es erübrigt hier noch, die Geschwülste und Neubildungen
an den Kieferknochen, welche mit Krankheiten der Zähne nicht
in Zusammenhang stehen, kurz zu erwähnen. Da sie jedoch alle in
das Gebiet der Chirurgie gehören und nur vom Chirurgen behandelt
werden, so wollen wir von einer eingehenden Beschreibung gänzlich
absehen. Es gehören dazu: die Angiome, Fibrome, Enchondrome,
Osteome, Myxome, Sarkome und Carcinome.

a) Epulis.

Jede am Zahnfleisch auftretende Geschwulst oder Neubildung, einerlei, welcher Art der Tumor ist, sei er gut- oder bösartig,
nimmt er seinen Ursprung vom Zahnfleisch selbst oder vom Kiefer-

knochen, nennen wir im Allgemeinen Epulis und stellen dann nach den verschiedenen Symptomen die Specialdiagnose auf eine der eben angeführten Erkrankungen.

b) Cyste.

Die einzige Geschwulst an den Kieferknochen, welche den Zahnarzt näher interessirt, welche er in der Praxis behandelt, ist die Cyste.

Die Cyste entwickelt sich in der spongiösen Substanz des Alveolartheiles der Kieferknochen oberhalb, respective beim Unterkiefer unterhalb einer Zahnwurzel. Sie kann durch retinirte Zähne entstehen, geht aber in der Regel von der Wurzelhaut eines cariösen Zahns aus, und zwar am häufigsten von den Bikuspidaten des Oberkiefers. Sie kann dann in die Highmorshöhle hinein wuchern, deren Schleimhaut sie einstülpt.

Am Unterkiefer beschränkt eine Cyste sich nicht auf den Alveolartheil, sondern ergreift den ganzen Kieferkörper, dessen dicke Knochenwandungen sie allmählich vor sich herdrängt. Die Cyste ist während ihres ganzen Verlaufes schmerzlos. Es besteht keine Röthung oder Schwellung des Zahnfleisches in ihrer Umgebung, keine Entzündung und kein Schmerz, was neben dem langsamen Verlauf charakteristische Symptome sind. Sie wird nur durch Volumenszunahme beachtet, da sie im Anfang durchaus keine Beschwerde macht. Gewöhnlich besteht sie schon über ein Jahr, ehe sie zur Behandlung kommt und ist vielleicht so gross wie eine Wallnuss. Sie hat die Knochenrinde vorgetrieben, und zwar zuerst immer labial, weil sie hier am dünnsten ist. Der Knochen wird allmählich verdünnt, so dass das bekannte Pergamentknittern entsteht oder er wird später ganz zum Schwund gebracht und wir finden an der Stelle Fluctuation.

Das Innere der Höhle wird durch einen Cystenbalg ausgekleidet. Dieser sondert eine seröse Flüssigkeit ab, doch kann letztere auch eiterig und jauchig werden, wenn bei sehr verdünnter Wandung in Folge äusserer Insulte der Cystenbalg sich entzündet. Platzt derselbe an einer Stelle, so entleert sich beständig etwas von dieser Jauche in den Mund, so dass aus diesem Grunde Heilung beim Zahnarzt gesucht wird.

Die Therapie besteht vor allen Dingen zunächst in der Extraction des betreffenden cariösen Zahns oder Wurzelstumpfs. Dabei wird mitunter ein Theil vom Cystenbalg mit entfernt, so dass der Inhalt abfliesst. Dann wird ein Stück aus der vorderen verdünnten Wand excidirt und die Cyste mit einem Desinficiens gut ausgespritzt. Um den Cystensack durch Eiterung zu zerstören, wird die Höhle in ihrem Innern mit Jodtinctur gepinselt und ein Baumwollebausch fest hineingeschoben, damit die äussere Oeffnung sich nicht vorzeitig schliesst.

Das Ausspritzen mit einer einprocentigen Carbollösung und die Erneuerung des hineingeschobenen Wattebausches muss täglich geschehen, bis durch Neubildung spongiöser Knochensubstanz eine Verheilung von innen her erfolgt, was, je nach dem Umfang der Cyste, oft Monate in Anspruch nehmen kann.

Die Prognose ist stets günstig. Eine Resection von Seiten des Chirurgen ist nur bei sehr grossen Cysten nöthig.

c) Fractur.

Durch eine auf den Kiefer wirkende äussere Gewalt, Stoss, Schlag oder Schuss kann eine Fractur desselben entstehen. Meistens betrifft es den Unterkiefer an seinem aufsteigenden Ast oder Körper.

Fig. 133.

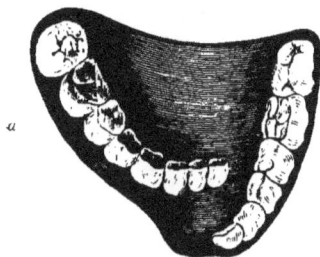

Modell von dem fracturirten Unterkiefer mit dislocirten Fragmenten.

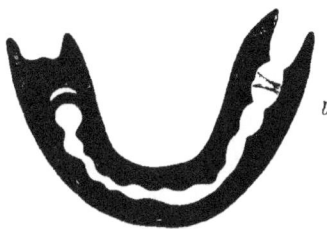

Der Apparat.

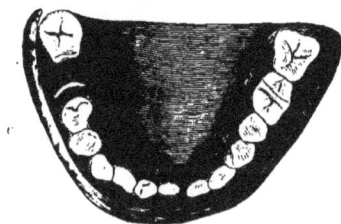

Der Apparat in situ.

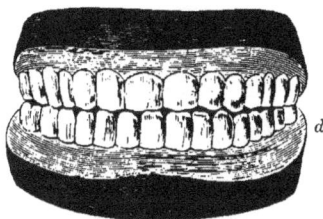

Der Unterkiefer nach der Heilung.

Es kann ein einfacher oder doppelter Querbruch sein. Die Fracturenden werden durch Muskelzug dislocirt, was wir an der veränderten Stellung der Zahnreihe sofort erkennen. Ausserdem besteht Beweglichkeit und Crepitation.

Splitter und lose Fragmente müssen zunächst entfernt und die Bruchenden reponirt werden, was in frischen Fällen leicht gelingt. Zur Fixirung legte man früher Ligaturen um die Zähne, doch ist dies unzweckmässig, weil dieselben eben in Folge des Muskelzuges stets gelockert werden.

Besser schon ist eine Guttaperchaschiene, doch genügt diese nicht immer. Auch ist sie unpraktisch, weil das Sprechen und Essen jeder consistenteren Nahrung, überhaupt jede Bewegung des Unterkiefers bis zur gänzlichen Heilung absolut unterbleiben muss, auch eine Reinigung des Mundes unmöglich ist.

Am besten sind die von Süersen angegebenen Kautschukschienen, mit denen er besonders im letzten Kriege 1870 und 1871 sehr viele Erfolge erzielt hat. Es wird von den Kiefern in gewöhnlicher Weise Abdruck genommen. Sind die Bruchenden des Unterkiefers dislocirt, so wird das Modell nachher an dieser Stelle durchsägt und die Fragmente jetzt mit Hilfe des Oberkiefermodells richtig zusammengesetzt, so dass die Zahnreihen in der gegebenen Articulation sich befinden. Dann wird zum Unterkiefer in dieser Stellung eine genau passende Kautschukschiene hergestellt, wie Fig. 133 zeigt.

Die Bruchenden werden jetzt im Munde reponirt, die Schiene angelegt und getragen, bis die Heilung erfolgt, was meistens schon in vier Wochen der Fall ist.

Den Apparat aber lässt man lieber noch einige Wochen länger tragen, da er keine Beschwerden macht, Patient gut damit essen, sprechen und ihn zum Reinigen herausnehmen kann. Zuerst wird flüssige Nahrung gegeben, doch kann sie schon nach der dritten Woche consistenter sein.

Sauer benutzt statt des Kautschuks eine Schiene aus verzinktem Eisendraht, wie Fig. 134 zeigt.

Fig. 134.

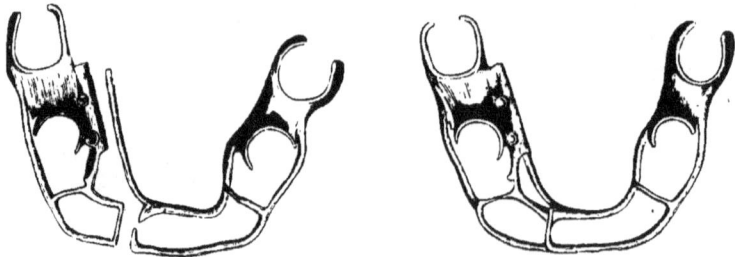

Auseinandergenommen.   Zusammengesetzt.
Sauer's Drahtschiene.

Grössere Fracturen des Oberkiefers gehören stets in das Gebiet der Chirurgie.

Die kleineren Fracturen am Alveolarfortsatz, sowie die Luxation und Ankylose des Unterkiefers haben wir schon früher besprochen.